カラー図鑑
スパイスの秘密

利用法・効能・歴史・伝承

カラー図鑑
スパイスの秘密
利用法・効能・歴史・伝承

著● ジル・デイヴィーズ
栄養学監修● ダリア・マオリ
監訳● 板倉弘重
訳● 西本かおる

西村書店

Originally published in English under the title

THE POWER OF SPICES
Origins, Traditions, Facts & Flavours
second edition

by Gill Davies
Consultant Nutritionist：Dalia Maori, R.D.

Copyright © Worth Press Ltd, Cambridge, England, 2016
Text © Gill Davies
Japanese edition copyright © Nishimura Co., Ltd., 2019

All rights reserved.
Printed and bound in Japan

●注意●

　出版社および著者、栄養学監修者（日本語版出版社、監訳者、訳者を含む。以下同）は、本書に含まれる情報を完全かつ正確にするためにあらゆる努力を重ねましたが、両者とも、本書の記載内容につき、読者に対して一切の保証をするものではありません。出版社および著者、栄養学監修者は、本書に含まれる情報によって生じたいかなる損害、損失、費用に対しても一切の責任を負いません。本書に表明された思想または意見は、著者、栄養学監修者の個人的見解であり、出版社のそれとは必ずしも一致しません。

　本書の制作にあたってご協力いただいた Michael Starke of Essbro 社に感謝いたします。

　本書に掲載されている画像は特に記載のないかぎり、パブリックドメインまたはクリエイティブコモンズのものです。

目　次

🌶 **はじめに** 8

🌶 **種子をつかったスパイス** 14

- ●グレインズ・オブ・パラダイス 16　●ディルシード 18　●セロリシード 20
- ●マスタードシード／洋ガラシ 22　●コリアンダー 24
- ●クミン 26　●カルダモン 28　●フェンネルシード 30
- ●サンフラワーシード／ヒマワリの種 32
- ●フラックスシード／リンシード／亜麻仁 34
- ●ナツメグとメース 36　●ポピーシード／ケシの実 38　●パセリシード 42
- ●アニス／アニシード（アニスシード）44　●セサミシード／ゴマ 46
- ●フェヌグリーク／メティ 48

🌶 **果実・実をつかったスパイス** 50

- ●チリペッパー／カイエンペッパー／唐辛子 52
- ●パプリカ／レッドペッパー 54　●キャラウェイシード 56
- ●柑橘類の果皮 58　●マックルー／カフィアライム／コブミカン 60
- ●ココナッツ 62　●スターアニス／八角 66　●ジュニパーベリー／ネズの実 68
- ●マルベリー〈ブラック／ホワイト／レッド〉／桑の実 70
- ●ペッパー〈ブラック／ホワイト〉／胡椒 72　●タマリンド 74
- ●バニラビーンズ 76

🌶 樹皮・木・樹脂をつかったスパイス　78

- ●フランキンセンス／オリバナム／乳香 80　●セイロンシナモンとカシア 82
- ●ミルラ／没薬 84　●ドラゴンズブラッド／竜血／麒麟血 86
- ●オールスパイス／百味胡椒／三香子 88　●スマック／ヌルデ 90
- ●サンダルウッド／白檀 92

🌿 根・球根・根茎をつかったスパイス　94

- ●タマネギ／オニオン 96　●ガーリック／ニンニク 98
- ●ホースラディッシュ／西洋ワサビ 100　●アロールート／クズウコン 102
- ●ターメリック／ウコン 104　●リコリス／スペインカンゾウ 106
- ●アイリスの根／オリスルート 108
- ●オタネニンジン／高麗人参／アメリカニンジン 110
- ●ジンジャー／ショウガ 112

🌿 その他の部位をつかったスパイス　114

- ●アンゼリカ／セイヨウトウキ 116　●ワームウッド／ニガヨモギ 118
- ●ケッパー 120　●サフラン 122　●レモングラス 124
- ●アサフェティダ／アギ 126　●ローリエ／ベイ／ローレル／月桂樹 128
- ●ペパーミント 130　●ローズペタルとローズヒップ 132　●クローブ 134

付録
- ■ビタミンと微量ミネラル（成分表）136
- ■用語集　138
- ■ミックススパイス　142
- ■塩の話　150
- ■スパイス貿易　158
- ■スパイス秘話　166
- ■世界のスパイス地図　176
- ■スパイスことば：香辛料に秘められた意味　184

索引　188　　著者より／参考文献・HP　190　　図版クレジット　191

本書で使われているアイコン

🍴 栄養士からのアドバイス
認定栄養士ダリア・マオリが、スパイスに含まれる主な成分と効用について専門的な観点から解説します。

⚕ 伝統的な利用法と効能
スパイスの効用が、どんな療法および健康の維持に利用されてきたかを紹介します。

🌱 食の豆知識
調理・食材の保存などにおけるスパイスの利用法を紹介します。

⭐ その他の用途
さまざまな場面で有用なスパイスの利用法を紹介します。

❓ こぼれ話
歴史的・文学的エピソードや民間伝承など、スパイスをさらに知るための興味深い話を集めています。

警告
このアイコンが表示されているスパイスは毒性を含んでいます。取り扱いに十分注意のこと。

はじめに

　スパイスは、料理の風味づけや色づけ、食品保存に利用されるほか、儀式や宗教行事に欠かせないものであり、香水や化粧品の材料にもなる。料理の世界では、植物の葉の部分はハーブに分類され、その他の部位（根、種子、実、つぼみ、樹脂、樹皮など）がスパイスと呼ばれる。異なる部位が使われたり、スパイシーな味をもつことにより、植物によっては、ハーブとスパイスの両方にリストアップされるものもある（ペパーミント、パセリ、ローリエなど）。また、セサミや柑橘類の果皮などは、辛味や刺激がなくてもスパイスに分類される。

　ゆたかな香りのスパイスたちは、色とりどりで見た目も美しい——目もくらむような赤、まぶしい金色、つややかな茶色、やわらかな緑色、甘美な紫色、黄褐色、新鮮な白。大地に生えているスパイスも、スーパーの棚やキッチンにならぶ瓶に入ったスパイスも、中東やアジアの市場にならんで輝いているスパイスも、誇らしげにさまざまな可能性をはらんでいる。歴史書をひもとけば、スパイスがいかに世界の貿易の発展や新大陸発見、そして戦争の歴史に影響を及ぼしてきたかがわかるだろう。

　スパイスは多くが熱帯や亜熱帯の地域で栽培される。「スパイス」という名前自体が、赤道直下でマスタード色のまぶしい太陽に照らされるエキゾチックな暑い土地を思わせる。

　英語には、生活に楽しい要素が加わる様子を表現する「スパイスアップ (spice up)」

▲スパイスは根、種子、実、葉、樹皮などからつくられる。　▶右頁：スパイスの鮮やかな色合い。

という言葉がある。ひとつまみのナツメグやポピーシードが料理に刺激と奥深さを加えるのは、料理のスパイスアップといえるだろう。スパイスといっても、バニラ、ペパーミント、リコリスなど甘い風味を加えるものもある。スパイスのうち、寒冷地で採れるものは少数派で、大半は暑い気候で育つ。スパイスの主な産地として知られるのは、太平洋の島々や、カリブ海地域、アフリカ、地中海沿岸など。そして、謎めいたアラビア半島、魔法に満ちたペルシャ、魅惑の東アジアも。

各種スパイスは、食品の保存や、ワインやスピリッツの製造や風味づけに利用されてきたほか、昔から薬として、また魔術の材料としても使われ、さらには死体の防腐処置にも用いられた。古代にはスパイスは神々と結びつけて考えられていた。サンダルウッド（白檀）やミルラ（没薬）は、ワインに混ぜて飲まれることもあったが、スパイスは主に宗教儀式で使われていた。ミルラはイエスの誕生を祝って訪れた東方の三博士の贈り物にも入っていたという。フラックス（亜麻）は布や楽器をつくるのに使われ、世界でもっとも高価なスパイスのサフランは王家の客人にふりまかれた。オタネニンジン（高麗人参）は聖なるスパイスであり媚薬でもある。ガーリックは吸血鬼（バンパイヤ）とオオカミ男と魔女と悪魔を撃退するといわれる。ペストが流行した時期には、スパイスの袋を首にかけておくことでペストが予防できるといわれ、実際にナツメグでペストを媒介するノミを退治した例がある。当時ヨーロッパの商人はナツメグに原価の60倍の値段をつけていたという。

スパイス取引の始まりは4000年以上前の中東にみられるが、やがて規模が拡大して利益がふくらみ、スパイスとその産地の支配は富と力の源になった。スパイスのありかは秘密にされることが多く、産地への旅は海路も陸路も略奪行為が横行し危険が

▲季節のお菓子に使われるスパイス。

ともなった。スパイス貿易は大きな富につながるものの、危険と隣り合わせだった。産地は厳重に管理され、ときには支配権をめぐって戦争が起きた。スパイス貿易によって商人たちは莫大な富を手にし、ベネチアは権力を増して一大国家が生まれたが、力のバランスはしばしば変化した。貪欲な君主たちが縄張りを広げようとしたことで、勇敢な使節や探検家がスパイス諸島への新ルートを探して旅立つことになり、それが予定外の未知の島や新大陸の発見につながった。現代のグローバリゼーションは、こういった富と支配力への野望によって始まったものだが、その根本は、おいしい食事を楽しみたい、消化をよくしたい、暮らしに味わいと刺激がほしい、という欲求にあったのだ。

　さて、本書の制作において、スペースの都合上、取り上げるべき無数のスパイスのうち、わずかしか載せられなかったこと、限られた情報しかもりこめなかったことは残念な点である。大量の魅力的な情報を厳選し、限られたページ数に収めるのは、大

▲東方の三博士がイエス・キリストの誕生を祝って贈ったのは、フランキンセンスとミルラと黄金だったといわれる。

　変な作業だった。とはいえ、本書はエキゾチックな魅惑のスパイスの世界へ読者をいざなう入門書として有益な一冊になったと思う。スパイスの利用法、効能、歴史、伝承などのさまざまなトピックを存分に楽しんでいただきたい。
　さらに、この第2版では、経験ゆたかな認定栄養士ダリア・マオリ氏による「栄養士からのアドバイス」を各スパイスの説明に追加補足した。マオリは臨床的および学問的に研鑽を積み、アメリカとイギリスの栄養士認定機関である Commission on

Dietetic RegistrationおよびHealth and Care Professions Councilの双方に登録されている。彼女は長年、臨床現場で糖尿病や肥満対策のスペシャリストとして、健康や癒しに栄養が及ぼす影響などをテーマに、情熱をもって研究に取り組んでいる。「食べ物が心身の健康に与える影響の大きさにはいつも驚かされます。しかし、根底にある、いちばん大切なことは食を楽しむことです」とマオリは言う。

🌶 種子をつかった スパイス

グレインズ・オブ・パラダイス
Grains of Paradise (*Aframom melegueta*)

グレインズ・オブ・パラダイスはアフリカの海沿いの湿地が原産で、かつては「ワニのペッパー」「ギニアペッパー」「メレグエタペッパー」などと呼ばれた。この種子ははるか昔に隊商によってサハラ砂漠を越えて取引されていた。中世のスパイス貿易時代には、価格をつり上げるために「パラダイス」と名がつけられ、エデンの園から川を流れくだってきたと言い広められた。ラッパ状の美しい紫色の花はハチやチョウを引きつけ、紐長いさやには赤茶色の小さな種子が無数につまっている。ショウガ科の一種で、中世ヨーロッパでは本物のペッパーより安価だった。現在は西アフリカや北欧などでよく使われ、ペッパーより高価になっている。

特徴と使い方

原産地と分布	味や香り	料理に使うには
● 原産地：西アフリカ（カメルーン、ガーナを含む） ● 分布：アフリカ全土（エチオピアの重要な収入源である）、ヨーロッパ（9世紀頃から）	● 芳香があり、スパイシーで、かなり辛い。 ● ブラックペッパーより複雑な味がする。 ● 柑橘類、ジャスミン、ヘーゼルナッツ、コリアンダー、ジンジャー、カルダモンに似た風味が感じられる。	● 肉、ソース、スープ ● チュニジア風煮こみ料理 ● ジャガイモ、グリーンサラダ、魚、ソーセージ、レモンのビネグレットソース ● アップルパイやパイナップルなどフルーツを使ったデザートに。 ● ビール、ワイン、ラム酒、ブランデー

栄養士からのアドバイス

ショウガ科のグレインズ・オブ・パラダイスは、体を温め、穏やかな刺激を与える。疲れやだるさを感じている人にはとくにおすすめ。活力を高めるためにカフェイン入りの飲み物に頼るより、ずっと体によい。ジンジャーと同じく消化を助け、腹痛をやわらげる。寄生虫を防ぐ効果がある。

伝統的な利用法と効能

刺激剤、消化剤、利尿剤、体を温める、口臭消し、リウマチの治療に（とくにガーナで）。

食の豆知識

★ ローマ時代からワインに入れて飲まれていた（スパイス入りワインは「ヒポクラス」と呼ばれる）。

★ グレインズ・オブ・パラダイス、バター、ハチミツ、ピーナッツ、アーモンドを混ぜ

たものが食後のコーヒーに添えられる。
★ステーキや、鶏もも肉、ケバブのもみこみ用スパイスに使われる。
★中世フランスの書物に、「ワインのカビ臭さを消す」と書かれている。

❓ こぼれ話

西アフリカのグレイン海岸（ペッパー海岸）はこの植物にちなんで名づけられた。◆カリブ海諸国や中南米ではブードゥー教の儀式に使われている。◆野生のゴリラ（ローランドゴリラ）は飼育下のゴリラより心臓の血管の状態がはるかによく、グレインズ・オブ・パラダイスの効果だと考えられている。◆イギリスのエリザベス1世（1533-1603）はグレインズ・オブ・パラダイスを好んだが、ジョージ3世（1738-1820）はこのスパイスが酒に乱用されていることを危ぶみ、使用を禁止した。

ディルシード Dill Seed (*Anethum graveolens*)

セリ科の植物で、羽のようなやわらかな葉は泣く赤ん坊をなだめるのに使われた。ディル（イノンド）の名は古英語 *dilla*（「なだめる」の意）に由来する。ディルは媚薬として、また魔術封じに使われ、1627年の文書には「バーベインとディルは、魔女の力を封じることができる」と書かれている。古代エジプト人、ギリシャ人、ローマ人に愛用され（戦士の傷の治りを早めるためにディルシードを焼いたものを傷口に当てた）、キリスト教の聖書にも登場する。また、アングロサクソン時代や中世にさまざまな病気に使われていたことが、10世紀イギリスのカンタベリー大主教エルフリックによって記されている。

特徴と使い方

原産地と分布	味や香り	料理に使うには
●原産地：南西アジア、ロシア南部 ●分布：ウクライナ、ポーランド、北欧、ドイツ、ルーマニア、地中海地方、西アフリカ	●刺激が強く、温かみのある味がする。 ●種子に強い香りがある。 ●キャラウェイに似ているが、より軽やか。 ●アニスやレモンのような風味がする。	キュウリ、ピクルス、トマト、サーモン、マス、ボルシチなどのスープ、子牛肉、鶏肉や七面鳥のむね肉、ゆで卵、オムレツ、ジャガイモ、米、豆、キノコ、キャベツ、ニンジン、魚介類、ビネガーに合う。

 栄養士からのアドバイス

ディルシードは葉よりも香りや刺激が強い。抗菌効果や抗腫瘍作用、免疫力を高める効果がある。骨をつくるカルシウム、血液を強くする鉄、リラックス効果のあるマグネシウムも含んでいる。

 伝統的な利用法と効能

鎮静作用、睡眠改善、しゃっくりを止める(ワインにディルを入れて沸かし、蒸気を吸う)、乳児をなだめ消化をうながす、消化不良、疝痛、しゃっくり、腸を刺激しインスリン分泌を調整する、おなら、膨満感、胃痛、黄疸、胆管疾患、肝疾患、頭痛、関節炎、炎症、腫れもの、潰瘍、口臭、食欲不振、吐き気に。母乳の出をよくする。爪や骨や脳を強化する。特定のがんを防ぐと考えられている。

🌱 食の豆知識

- ★バター、サラダ、トマト、リンゴの菓子に散らして。
- ★サワークリームに加えてキュウリのドレッシングに。
- ★ワインやディップに入れてもよい。
- ★ツナサラダに混ぜて。
- ★昔はワインにディルを入れていた。

❓ こぼれ話

ディルシードの精油は石鹸に使われている。◆ディルのしぼり汁を飲むと邪悪な魔法の呪縛から逃れられる。◆神聖ローマ帝国のカール大帝（742頃-814）は客が腹のガスだまりを解消できるよう宴席にディルを置いた。◆ディルシードはアラブ諸国では「イナゴの目」と呼ばれている。昔は貴重品であり、鍵をかけて保管されていた。

セロリシード Celery seed（*Apium graveolens*）

人間が初めてセロリを食べたのは約3000年前。古代の中国、ギリシャ、ローマで薬として使われ、神聖なものとされたり不吉なものとされたりした。古代ギリシャでは、セロリの葉を使った冠が死者や競技会の勝者に与えられ、セロリシードで香りづけしたワインは競技会の賞品として使われた。ギリシャのホメロスの叙事詩『オデュッセイア』には、魔女カリプソの洞窟の近くに紫のセロリが茂る草原が登場する。野生のセロリは苦みが強かったため、イタリアで改良される17世紀までは食用として好まれなかった。その後、味がよく、しっかりした太い茎のセロリが栽培されるようになった。現在は茎と種子の両方が販売されている。セロリシードはとても小さく、1エーカー（約63メートル四方）の畑に必要な種子は、たった1オンス（約30グラム）である。

特徴と使い方

原産地と分布	味や香り	料理に使うには
●原産地：地中海沿岸および中東 ●分布： ・北欧、東欧、エジプト、アルジェリア、インド、中国、ニュージーランド、米カリフォルニア州・フロリダ州・テキサス州・ミシガン州・オハイオ州、南米の南端地域などに自生。 ・栽培種のセロリシードはほとんどがフランス産やインド産である。	●芳香、刺激がある。 ●塩味を感じさせ、ほろ苦い。 ●パセリに似た香りがある。	●パンに入れる。 ●スープのベースとして（とくにチキンヌードルスープ）。 ●キャセロール料理、煮こみ料理、カレー、サラダに。 ●卵、魚料理、キャベツ、コリアンダー、キュウリ、チリペッパーやパプリカ、ジャガイモ、鶏肉、米、トマトとともに。 ●前菜や詰め物に、料理の飾りとして。

 栄養士からのアドバイス

セロリシードは、皮膚や粘膜、目の健康を維

 警告　セロリはピーナッツのように重篤なアレルギー反応を引き起こすことがある。

持するビタミン A、免疫力を高めるビタミン C、消化を助ける食物繊維、血圧を調整するカリウムなど、健康維持に必要な多くの栄養素を含んでいる。

伝統的な利用法と効能

風邪、インフルエンザ、頭痛、歯痛、不眠症、水分保持、腸内ガス、消化不良、食欲不振、関節炎、リウマチ、痛風、肝臓・脾臓の疾患、筋肉のけいれんや炎症、月経痛、イライラ・不安感・ヒステリーの緩和、性欲亢進、利尿薬として。◆種子は古代インドのアーユルヴェーダ医学で使われた。◆血圧、コレステロール値を下げるとされる。◆紀元30年にローマの著述家アウルス・コルネリウス・ケルススが、痛みをやわらげる薬にセロリシードを入れる方法を紹介している。◆複数のダイエット専門家が、セロリに含まれるカロリーよりも、セロリの消化に必要なカロリーのほうが大きいとしている。

食の豆知識

★ セロリシードと塩を併せて挽いたセロリソルトは、料理、カクテル、ホットドッグに使える。
★ セロリを氷水に浸けておくとシャキシャキ感が保てる。
★ チェルシーカクテルは、ギネスビールにセロリスティックをあしらったもの。

こぼれ話

1960年代にシカゴのアンバサダー・イーストホテルで、ある男性が「ブラッディマリー」を注文したが、マドラーがついていなかったため、セロリスティックでかき混ぜた。それからブラッディマリーにセロリが添えられるようになった。◆イギリスの子ども番組「ドクター・フー」の5代目主人公は、健康のためにと、襟にいつもセロリをつけていた。◆ツタンカーメン（紀元前1323年没）の墓からセロリの葉で編んだ花冠が発見されている。

マスタードシード／洋ガラシ
Mustard Seed (*Brassica juncea, B. hirta, B. nigra, Sinapis alba*)

マスタードの名は、「must（若いワインの意）」と「ardens（燃えさかるの意）」から来ている。種子は薄い黄色から黒いものまであり、もっとも広く使われているスパイスのひとつだが、すりつぶして液体と混ぜるまで辛みはない。石器時代から好んで使われ、紀元前3000年頃からインドで栽培されるようになった。貿易でヨーロッパにペッパーがもたらされるずっと前から、マスタードはヨーロッパで主要なスパイスだった。ローマの博物学者の大プリニウス（紀元23-79）は、マスタードシードをビネガーに入れてつぶすよう勧めたが、ローマ人たちはしばしば食卓の皿の上で種子をたたいて粉にし、そこにワインや水をたらして使っていた。修道院ではブドウ園にマスタードが植えられた。ローマ教皇ヨハネス22世（1249-1334）はフランスのディジョン近郊に住む出来の悪い甥を教皇お抱えのマスタード製造者にし、その後ディジョンはマスタード製造の中心地になった。イギリスの製粉業者エレミヤ・コルマンは、油分や風味をそこなわずにマスタードシードを粉末にする技法を生み出し、1814年にコルマンズ・マスタードを創業した（1866年にビクトリア女王御用達になる）。

特徴と使い方

原産地と分布	味や香り	料理に使うには
●原産地：ヒマラヤ山脈の山麓。紀元前3000年頃、インドで初めて栽培された。 ●分布： ・交易路を通ってパレスチナ、エジプト、ギリシャ、ローマ帝国へと広まった。 ・現在は、主にフィンランド、フランス、ドイツ、スイス、イギリス、アメリカで生産されている。	●全種：ピリッとした辛み。 ●ブラウン種：刺激的な辛み。 ●ホワイト種（イエロー種）：ほかの種よりまろやか。 ●ブラック種：独特の強い辛み。アジア料理に使われる。 ●アイリッシュ・マスタードは、ハチミツやウイスキー、ギネスビールを混ぜた粒マスタード。 ●調味マスタードには、石挽きマスタード、グルメマスタード、ディジョンマスタード、ワイン入りマスタードなどがある。	●マヨネーズ、サラダのドレッシング、マリネ、ビネグレットソースに入れる。 ●スープ、チリソース、ザワークラウトに入れる。 ●サラダ、サンドイッチ、ハンバーガー、ホットドッグ、ステーキ、ローストビーフ、鶏肉、塩漬け肉、ジビエ料理、ソーセージ、キャベツ、カラシナ、根菜に。 ●ピクルス、ワインビネガー、酵母パンに使われる。 ●ケッパーやチーズと合う。

種子をつかったスパイス | 23

栄養士からのアドバイス

アブラナ属のマスタードシードは、さまざまな病気による炎症を抑えるセレンやマグネシウム、健康増進に不可欠な脂質で、従来の欧米の食事では不足しがちなオメガ3脂肪酸を含んでいる。また植物性栄養成分グルコシノレートの貴重な供給源で、がん予防に効果がある。

伝統的な利用法と効能

ぜんそく、鼻炎、気管支炎、肺炎などの呼吸器疾患、しゃっくり、高血圧、血行障害、片頭痛、神経痛、歯痛、筋肉痛、関節リウマチ、寝違え、打撲、抜け毛、しもやけ、疝痛、けいれん、てんかん、食欲増進、消化促進、消化器疾患の緩和。足浴や湿布に。殺菌剤、脱臭剤、防腐剤として。サソリに刺された傷、ヘビに咬まれた傷に。◆修道士はマスタードにザリガニの粉末を混ぜて傷に塗った。◆マスタードシードの栄養素は、胃のむかつきや結腸がんの増殖を抑えるとされる。ただちに摂取すれば、毒ヘビや毒キノコの解毒剤になる。◆インドのマハラシュトラ州では、真冬にマスタードオイルのマッサージで体を温める。

食の豆知識

★インド北部やネパールでは、種子をはじけるまで焙煎するのが一般的。
★種子を砕いて、ワイン、ビネガーまたはレモン汁を加えると、甘辛いマスタードペーストができる。
★古代シュメール人は種子を挽いてペースト状にし、ブドウ汁を混ぜた。
★18世紀前半にイギリス・ダーハム州のクレメント夫人がマスタード粉(ダーハム・マスタード)を発明するまで、マスタードをハチミツやビネガー、シナモンを混ぜたものを玉にして保存していた。

こぼれ話

エジプトのツタンカーメン王の墓には、王が来世に持っていくためにと、マスタードが供えられていた。◆ウィリアム・シェイクスピアの『真夏の夜の夢』には、マスタードシードの妖精が登場する。◆ユダヤ人の先祖アブラハムは、牛タンにマスタードを添えた。◆イエス・キリストは、小さな種から大きな植物が育つマスタードシードをたとえに、小さな一粒から広大な神の王国が生まれたと語ったという。◆マスタードにテレピン油、ローズマリー、ショウノウを混ぜたものは、凍結や湿気を抑えるため、時計や精密機器の製造に重宝されている。◆ホットドッグにマスタードが使われるようになったのは、1904年アメリカのセントルイス万博から。◆靴下にマスタード粉を振り入れておくと凍傷を予防できる。◆アメリカは世界一のマスタード消費国。ウィスコンシン州では、毎年8月にナショナル・マスタード・デーの祭りが開催されている。◆英語の表現「cut the mustard(マスタードを切る)」は「期待に沿う」という意味。◆ホワイトマスタードは緑肥としても使われている。◆マスタードには約40の品種がある。◆マスタードガスとは硫黄を含んだ毒ガスで、マスタードとは関係ないが、色が黄色でマスタードに似た臭いがする。

コリアンダー
Coriander／Cilantro(*Coriandrum sativum*)

かすかな甘みと柑橘系の風味をもつコリアンダーシードは、約7000年前から人々に親しまれ、エジプトのツタンカーメン王の墓にも入れられた。バイキングはコンスタンティノープル襲撃の際にこのスパイスの味を知り、北欧に持ち帰った。中国では漢の時代（紀元前207年-紀元220年）、コリアンダーには不老不死や催淫の効果があるとされ、それが『アラビアンナイト』で媚薬として登場することにつながったと思われる。イギリスからアメリカに入植した清教徒にも栽培された。［コリアンダーはさまざまな呼称をもち、葉も食用である。中国ではシャンツァイ（香菜）、タイではパクチー、インドではダニヤなどと呼ばれる］

特徴と使い方

原産地と分布	味や香り	料理に使うには
●原産地：地中海沿岸、中東 ●分布： ・南ヨーロッパ、北アフリカ、南アジア ・粒の大きいタイプ（粉末にし、ブレンドスパイスとして使われる）はモロッコ、インド、オーストラリアなど熱帯諸国に生育。 ・粒の小さいタイプは温帯地域に生育し、揮発性油を豊富に含むものが多い。	●かすかな甘み、柑橘系の味。 ●レモンのようなすがすがしい香り。 ●根は一段と強い香りがする。	●地中海料理、北欧料理、中東料理、カリブ料理、ブラジル料理、メキシコ料理、中南米料理、アフリカ料理、中国料理、東南アジア料理、インド料理の重要なスパイス。 ●鶏肉、子羊肉、豚肉、インドカレー、エンドウ豆、魚、エビ、果物、野菜のピクルス、ライ麦パン、ソーセージに。 ●ビール醸造に使われることがある。 ●煎った種子はおやつとして食べられている。

栄養士からのアドバイス

この香りのよい種子は血糖の調整を助けたり（2型糖尿病を防ぐ）、善玉コレステロール（HDL）を増やしたりする力をもち、抗菌作用もある。食中毒を防ぐという研究結果もある。抗酸化物質を豊富に含む種子は、病気を進行させるフリーラジカルを除去する役目をし、まさにスーパーフードである。

伝統的な利用法と効能

歯痛、尿路感染症、痔の緩和、消化促進、食欲増進、関節や筋肉の炎症、真菌感染症の抑制、体重減量、便秘薬として。

薬としての用途

★ 抗酸化作用があり、食品の腐敗を抑える。
★ 利尿作用やインスリンのような作用があり、軽度の糖尿病を抑制するとされる。
★ 精油は媚薬として使われ、また一過性のインポテンスを治す。
★ 獣医は牛や馬の薬としてコリアンダーを使った。

こぼれ話

ギリシャ神話のアリアドネ（クレタ島のミノス王の娘）の名は、古代ギリシャ語でコリアンダーを意味する koriadnon から来ていると思われる。◆ギリシャ語の koris はナンキンムシの意。ナンキンムシもコリアンダーもアルデヒドを含み、似たようなにおいがする。◆バビロンの空中庭園に生育していた。◆ジンの蒸留にも使われる。◇シュガープラム（チャイコフスキーのバレエ作品「くるみ割り人形」に登場するシュガープラムの精のヒントになった）は、もとはコリアンダーを使った砂糖菓子だった。◆古代ヘブライ人は過越の祭り(すぎこし)にコリアンダーを食べていた。◆スペイン人の征服者たちがメキシコやペルーにコリアンダーをもたらした。◆コリアンダー精油の歴史は古く、1574 年のベルリンの価格表にも記載されている。◆スティーブン・ソンドハイム作のミュージカル「スウィーニー・トッド」で、ラベット夫人は「コリアンダーの割合に気をつけること。それでソースの味が決まるから」と言っている。

クミン Cumin (*Cuminum cyminum*)

セリ科に属するクミンは、白やピンクの放射状の小さな花を咲かせ、筋の入った細長い黄褐色の種子をつける。種子にはオイルを蓄える油道がある。約4000年前から栽培されており、キリスト教の聖書には、スパイスとしてだけではなく司祭に渡す十分の一税としての記述がある。防腐効果があり、エジプトでは王をミイラにするのに使われた。古代ギリシャ人はクミンを食卓に常備していたといわれ、モロッコでは今もその習慣がある。中世ヨーロッパでは愛のシンボルになり、結婚式の招待客はクミンをポケットに入れ、兵士は妻が焼いたクミンのパンを持って戦いに赴いた。

特徴と使い方

原産地と分布	味や香り	料理に使うには
●原産地：エジプト、トルクメニスタン、地中海東部 ●分布：インド（現在の主要輸出国）のほか、シリア、トルコ、中国、イラン、タジキスタン、モロッコ、メキシコ、チリ、シチリア島、マルタ	●ナッツのような風味で、ほろ苦く辛みがある。 ●舌に温かな風味が残る。 ●ブラッククミン［クミンとは別種］はマイルドで甘い。	●南アジア料理、北アフリカ料理、ペルシャ料理、メキシコ料理、中南米料理によく使われる。 ●カレーパウダーやチリパウダーにブレンドされる。 ●インドのコルマ料理やマサラ料理、煮こみ料理、スープ、スパイスを効かせたグレイビーソースなどに。 ●牛肉、子羊肉、鶏肉、魚、アボカド、豆、キャベツ、キュウリ、ジャガイモのロースト、ハード系チーズ、米、ピクルス、パン（とくにフランス）、トマトに。 ●チョコレートや焼き菓子に振りかけて。

栄養士からのアドバイス

体を温めるクミンは、月経中や妊娠中、授乳中の女性にとくにおすすめのスパイス。血液を強くする無機鉄を含む。また、消化器系の不調を改善し、胃逆流、便秘、下痢による不快感を緩和する。ほかの多くのスパイスのように、病気と闘う抗酸化物質が豊富に含まれる。

伝統的な利用法と効能

消化促進、栄養の吸収促進、貧血、風邪、食欲増進、味覚促進、視力や体力の向上、母乳

の出をよくする、発熱、下痢、嘔吐、浮腫、産後の不調、心臓疾患、ガスだまり、がん予防（とくに胃がん、肝臓がん）に。抗糖尿病作用、免疫力向上、抗てんかん作用、抗がん作用、抗菌作用。◆挽いたクミンとペッパーにハチミツを加えたペーストは、媚薬になるといわれる。◆鉄、カルシウム、銅、カリウム、マンガン、セレン、亜鉛、マグネシウムの優れた供給源である。

食の豆知識

★古代ギリシャやローマでは、ピリッとした味のクミンは、高価なブラックペッパーの代わりに使われた。

こぼれ話

クミンはスペインやポルトガルからの入植者によってアメリカ大陸に伝えられた。◆インドで生産されるクミンは世界の70％を占め、そのうちの90％は自国で消費されている（世界全体の63％）。◆クミンはしばしば鳥の餌（ミックスシード）に入っている。◆古代ギリシャでは欲の象徴とされ、貪欲なローマ皇帝マルクス・アウレリウスやアントニヌス・ピウスには、「クミン」というあだ名がつけられた。◆中世ヨーロッパではクミンはニワトリ（や恋人）が逃げるのを防ぐと考えられていた。

カルダモン
Cardamom (*Elettaria cardamomum, Amomum subulatum*)

花のような強い香りをもつカルダモンは、サフラン、バニラに次いで世界で3番目に高価なスパイスである。紀元前4世紀、「ギリシャの植物学の父」と呼ばれるテオプラストスは、淡い緑色のさや（漂白したものは白色）のものを *Elettaria*（グリーンカルダモン）、辛みがあり料理に向くものを *Amomum*（ブラックカルダモン）と記している。カルダモンの薄いさやの中には小さな黒い種子が入っている。古代エジプト人は、薬、儀式、遺体の防腐処理、歯の手入れにカルダモンを使った。アッシリア人、バビロニア人、ギリシャ人、ローマ人は、カルダモンを香水、軟膏、芳香油に使った。バイキングはコンスタンチノープルでカルダモンを知り、北欧に持ち帰った。今も当地で好まれている。

特徴と使い方

原産地と分布	味や香り	料理に使うには
●原産地：インド南部、パキスタン ●分布： ・イラン北部、ギリシャ、トルコ ・その後、インド、ブータン、ネパール、パキスタン、スリランカへ。 ・現在、グアテマラが主要生産国かつ主要輸出国。	●柑橘系の強い香りで、樹脂のような香りもある。 ●グリーンカルダモン：ミントのような爽やかな風味。 ●ブラックカルダモン：辛みが強く、ショウノウや燻製のような香りがする。	●スープ、米、カレー、肉、ミートボール、豆、ポリッジ、焼き菓子、デザート、果物、甘いパン、ケーキ、チョコレート、アイスクリーム、スパイスティー、ハーブティー、リキュール ●ジンジャー、ターメリック、オールスパイス、ペッパー、シナモン、クローブ、フェンネル、パプリカ、サフランなどと混ぜて。

栄養士からのアドバイス

カルダモンシードは多くを与えてくれるスパイス。小さな一粒に、病気と闘う抗酸化物質のほか、血圧を調整するカリウム、骨や神経に働くカルシウム、筋肉をリラックスさせるマグネシウム、血液をつくる銅など、生命維持に必要な数々のミネラルが含まれている。また、ほかのスパイスと同じく、料理にすばらしい風味を与えてくれる。

伝統的な利用法と効能

喉、歯、歯肉の感染症、肺うっ血、結核、まぶたの炎症、ぜんそく、熱中症、毒ヘビやサソリの咬み傷、便秘、赤痢、腎臓や胆のうの結石を解消する。中国、インド（アーユルヴェーダ）、パキスタン、日本、韓国、ネパール、ベトナムの伝統薬の材料になる。食べすぎや消化不良に効く。

食の豆知識

★北欧ではクリスマスに飲むホットワイン「グロッグ」に入れる。
★使う直前に挽かないと香りが飛んでしまう。
★エジプトでは挽いてコーヒーに入れる。
★東インド諸島では薬味として使ったり、キンマの葉とともに噛んだりする。

こぼれ話

古代エジプト人はさやを噛んで歯をみがき、口臭を防いだ。◆種子そのものを噛むこともあり、アメリカのリグレー社は口臭消しのためにカルダモンをチューインガムに入れた。◆インドのカルダモンヒルズは、カルダモンが自生していたことからその名がついた。

フェンネルシード Fennel Seed (*Foeniculum vulgare*)

ふわふわの葉と黄色い花をもつフェンネルは、ハーブにもスパイスにも含まれ、葉も茎も種子もすべて食用になる。古代ギリシャ時代から使われ、ローマ帝国の拡大によってヨーロッパ全体に広まった。ローマの博物学者の大プリニウスは、ヘビが脱皮するときにフェンネルを食べ、フェンネルにからだをこすりつけて視界をよくすることに気づいた。フェンネルはアングロサクソンの「9つの薬草の呪文」の薬草の1つで、中世の修道院の薬草園では欠かせないものだった。アメリカに渡った清教徒たちは、教会の長い礼拝の最中にフェンネルを噛んで空腹を抑え、おなかが鳴らないようにした。

特徴と使い方

原産地と分布	味や香り	料理に使うには
●原産地:地中海沿岸 ●分布: ・インド、イラン ・現在は、ノルウェーからアジア、オーストラリア、南米、アメリカまで。	アニスやリコリスに似た香味。	●見た目はセロリシードに似ているが、味はアニスやリコリスに近い。 ●スープ、煮こみ料理、ソース、パン、ピクルス、リキュール、アブサン(ニガヨモギで風味づけした強いリキュール)の味を豊かにする。 ●魚(とくにサーモンやサバ)との相性がよい。 ●イタリアンソーセージに独特の香りを与える。

栄養士からのアドバイス

フェンネルシードには、抗炎症作用があり、がんの予防効果が示されているアネトールという成分を含んでいる。消化を助けるフェンネルは、乳児や消化器疾患をもつ人(代謝をよくして胃腸を整える必要がある人)にも安全である。また、フェンネルシードには、消化を促しコレステロール値を調整する食物繊維が含まれている。

伝統的な利用法と効能

黄疸、痛風、けいれん、喘鳴、気管支けいれん、しゃっくり、腸内ガス、吐き気、胃の筋肉や腸の動きを促す、寿命を伸ばす、利尿作用、ヘビに咬まれた傷、キノコの毒、洗眼液として、白内障に、赤ん坊の腹痛用シロップとして、母乳の出をよくする。◆フェンネルのオイルは香りがよく、キャンディ、コーディアル、リキュール、スープ、香水などに

使われる。◆種子を噛むと口臭が消え、消化がよくなる。◆植物学者ニコラス・カルペパー (1616-54) は、スープにフェンネルを入れると肥満の人が痩せると言っている。

食の豆知識

★フェンネルシードは、インド料理、アジア料理、中東料理によく使われる。
★中国の五香粉に配合されるスパイスの1つ。
★キリスト教の四旬節の間に食べられる、魚の塩漬けに使われた。

こぼれ話

古代には、フェンネルは体を丈夫にし、視力をよくするといわれた。◆神聖ローマ帝国カール大帝の農園で栽培されていた。◆サック酒（ポピュラーなハチミツ酒）の風味づけに使われた。◆夏至祭前日には魔除けとしてフェンネルをドアに掛けた。◆犬の腹の張りをやわらげ、犬舎のノミを防ぐ。

サンフラワーシード／ヒマワリの種
Sunflower Seeds (*Helianthus annuus*)

ヒマワリは、トウモロコシよりも古くから栽培されていたと考えられている。ミツバチの好物で、ひと夏で高さ4メートル近くまで成長し、2000粒もの種子をつけることもある。アステカ族はヒマワリを崇拝し、太陽の神殿に彫刻をした。神殿では女祭司たちがヒマワリの花束をもち、ヒマワリの冠をかぶっていた。ヨーロッパからアメリカ大陸に渡った探検家たちがアステカ族が崇拝するヒマワリをヨーロッパに送り、そこから他の大陸にも伝播した。ロシア皇帝ピョートル1世はオランダを訪れた際にヒマワリに魅了されて種子をロシアに持ち帰り、その後、200万エーカー（約80万ヘクタール）を超える畑でヒマワリが栽培され、ヒマワリ油が生産されるようになった。

特徴と使い方		
原産地と分布	**味や香り**	**料理に使うには**
●原産地：メキシコ、ペルー ●分布： ・世界各地 ・ロッキー山脈から中南米の熱帯地域 ・商品作物として栽培：ウクライナ、ロシア、アルゼンチン、中国、フランス、ルーマニア、ブルガリア、トルコ、ハンガリー、アメリカ ・オイルの生産：ロシア、ルーマニア、ハンガリー、ブルガリア、ポーランド	●甘みがあり、カリカリした歯ざわり。 ●黒い種子はオイル用に圧搾される。 ●縞模様の種子は食用になる。	●健康的なおやつ、料理の飾りとして。 ●スプレッドにしたり、粉にしたり。 ●パンに入れて。 ●発芽した種子はサラダに。 ●若芽をゆでて、アーティチョークのように。

栄養士からのアドバイス

サンフラワーシードはビタミンEの宝庫。このビタミンは抗酸化物質として働き、体の細胞をダメージから守ってくれる。このため、ぜんそくや変形性関節症、関節リウマチの人のおやつとしておすすめ。植物ステロールが含まれており、悪玉コレステロール（LDL）値を下げる働きをもつ。コレステロールを下げる効能をうたう、植物ステロール配合のマーガリンを使うよりはるかによい。

伝統的な利用法と効能

気管支炎や呼吸器系の疾患、風邪、百日咳、発熱、マラリア熱、ヘビの咬み傷、鎮静作用のある軟膏に。コーカサス地方では、マラリア患者の体をヒマワリの葉と湿った布で包む。

食の豆知識

★ トルコ、シリア、イスラエルでは、煎った種子をよく食べる。

★ ネイティブアメリカンは種子を粉にしてケーキやパンをつくったり、豆やカボチャやトウモロコシと併せてマッシュにしたりする。

★ 野鳥やペットの鳥の餌として売られていることが多い。

こぼれ話

種子から採れる紫色の染料はボディペイントや織物の染色に使われる。◆茎はしっかり乾燥させて建材や燃料として利用される。◆オランダの画家ヴィンセント・ファン・ゴッホはヒマワリの連作を描いた。◆1986年にはオランダで高さ7.75メートルまで伸びたヒマワリがあった。◆茎には紙の原料になる繊維が含まれている。◆アメリカの野球選手はしばしばヒマワリの種を噛んでいる。

種子をつかったスパイス

フラックスシード／リンシード／亜麻仁
Flax Seed／Linseed(*Linum usitatissimum*)

フラックス（亜麻）は、水色や薄紫色の繊細な花をつける。最初に商品化されたオイルのひとつ、フラックスシードオイル（亜麻仁油）の原料で、リネン（亜麻布）の原料でもある。フラックスの種子と織布はどちらも古代エジプトの墓から発見されている（ミイラは、イエス・キリストと同様、亜麻布で包まれていた）。中世にはフランドル地方（オランダ南部、ベルギー西部、フランス北部）がフラックスの主要生産地になった。やがてフラックスの繊維（木綿の2倍の強度がある）や種子は、ランプや蝋燭の芯、ロープ、ひも、帆布、敷布、漁網、糸、弓の弦、包帯、帯ひも、ペンキ、ニス、紙幣、紙巻タバコの紙、ティーバッグ、印刷用インク、リノリウム、家畜の飼料、麻袋、かばん、財布などに使われた。

特徴と使い方

原産地と分布	味や香り	料理に使うには
●原産地：スイス、ドイツ、中国、インド ●分布：温帯地域、熱帯地域	ナッツのような風味、わずかな辛み。	●フラックスシードの芽は食用になる。 ●インドでは、フラックスシードを煎ったり粉末にしたりし、炊いた米と一緒に食べたりもする。 ●ジャガイモやチーズにフラックスシードオイルを少量かけると、味が引き立つ。

栄養士からのアドバイス

フラックスシードは、病気を防ぐ働きをもつ抗酸化物質リグナンを、果物や野菜よりも多く含む非常に優れた食品である。2型糖尿病や心臓血管疾患の発症リスクがあるメタボリック症候群の人は、食事に取り入れるとよい。フラックスシードは、これらの発症を抑える働きがあることがわかっている。植物性オメガ3脂肪酸も豊富で、心臓病が気になる人の食事にも非常に役立っている。

 警告　フラックスシードやオイルの大量摂取は、腸閉塞、呼吸困難、けいれん、麻痺を引き起こすことがある。また、フラックスシードオイルが皮膚に触れると炎症を起こすことがある。

伝統的な利用法と効能

血圧を下げる、呼吸障害、胸膜炎、やけど、目の不調、風邪、インフルエンザ、発熱、咳、リウマチ、痛風、乳がん、前立腺がん、膿瘍、腫れもの、便秘、結砂、結石。◆砕いたフラックスシード（ロベリアシードを加える）の湿布は炎症や痛みをやわらげる。◆フラックスシードはコレステロール値を下げると考えられている。◆リンシードのハーブティー（ハチミツやレモンを入れる）は、風邪や咳、泌尿器の炎症をやわらげる。

こぼれ話

フラックス（亜麻）の繊維の束が金髪のように見えることから、「亜麻色の髪（flaxen locks)」いう表現が生まれた。◆「亜麻色の髪の乙女」は、フランスの作曲家クロード・ドビュッシーの有名な曲のひとつ。◆フラックスを紡いで染めた3万年前の繊維が見つかっている。◆古代ギリシャやローマでは、フラックスシードやトウモロコシのパンがつくられたが、腸にガスがたまる問題があった。◆「いばら姫」の初期の版では、王女はフラックスのとげで指を刺す。◆フラックスの花は悪い魔法から守ってくれる。◆乾燥した熟成種子から抽出したオイルは、木材の塗料、油絵の具や仕上げ材となり、銃床やクリケットバットのコーティングに使われる。◆金箔貼りやビリヤードのキューや木製楽器の保護に使われる。◆リノリウムの原料の結合に使われる。◆版画用のリノリウム版の原料となる。

ナツメグとメース Nutmeg, Mace (*Myristica fragrans*)

洋ナシのような黄色い果実の中に、しわの寄った卵形の種子（ナツメグ）が1つ入っている。このナツメグを覆う鮮やかな赤いレース状のものがメースで、粉末にして使われる。18世紀までこの"双子"のスパイスの産地はインドネシアだけだった。ナツメグの正確な生育場所はヨーロッパの人々に秘密にされていたが、1621年にオランダ人はナツメグのあるバンダ諸島の住民を虐殺したり奴隷にしたりして、ナツメグ取引を独占し、会社を設立した。軍艦を差し向けて、ほかの場所に植えられていたナツメグの木をことごとく伐採し、種子が発芽しないように出荷前にナツメグを石灰に浸して、買った者が栽培できないようにした。ところが、ハトが島々を飛びまわりながら糞とともに種子を落としていったことで、この独占体制は崩れていった。

特徴と使い方

原産地と分布

- 原産地：モルッカ諸島（インドネシアのスパイス諸島の一部）
- 分布：
  - カリブ海のグレナダ、スマトラ島、仏領ギアナ、インド（ケララ州を含む）、マレーシア
  - イギリスがバンダ諸島を統治したとき、ナツメグをスリランカやペナン島、シンガポールに移植した。
  - 現在の主要生産国はインドネシアとグレナダ。

味や香り

- ナツメグはメースより甘みがある。
- メースは上品な味わいで、軽い料理に向く。

料理に使うには

- すりつぶしたナツメグをスープや煮こみ料理に入れる。
- メースやナツメグは、ジャガイモ料理、ダンプリング、ミートローフ、スコットランドのハギス、スープ、ソース、芽キャベツ、カリフラワー、サヤインゲン、米、ジャム、ナツメグバター、マルドサイダー、ワイン、エッグノッグ、ラムパンチなどの味を引き立てる。

 警告 ナツメグに含まれるミリスチシンは、けいれん、動悸、吐き気、せん妄といった中毒症状を引き起こすことがある。犬には毒。サウジアラビアではメースの輸入が禁止されている。

栄養士からのアドバイス

用途の広いナツメグとメースは、健康に必要不可欠な栄養素をたくさん与えてくれる。赤血球をつくる銅は鉄とともに吸収され、どちらも貧血を防ぎ、エネルギー効率をよくする手助けをする。カルシウムやマンガンは骨の成長を促し、亜鉛は免疫力を高める。ナツメグは若い女性の健康にとってすぐれた食品で

はあるが、妊娠中には中止したほうがよい。

伝統的な利用法と効能

傷跡やにきびを治す、消化器の疾患、ガスだまり、ペスト、腸チフス、血行をよくし体を温める、腎炎、悪心・嘔吐、鎮痛、咳、肝機能の強化、睡眠を助ける、抗菌性があり歯や歯茎を守る。◆アルツハイマー病予防になると考えられている。◆ナツメグ精油は筋肉痛や関節痛をやわらげる。◆19世紀には妊娠中絶に使われ、過剰摂取で中毒症状を引き起こした例もある。◆刺激や強壮効果があり、病みあがりの人によい。◆すりおろしたナツメグにラードを加えると痔の軟膏に。

食の豆知識

★インド料理ではナツメグを入れて甘い風味をつける。
★パンプキンパイの主要なスパイス。
★カボチャ料理に使うことが多い。

こぼれ話

イスラム教徒の船乗りは(「アラビアンナイト」の架空の登場人物シンドバッドも)ナツメグは高価なことを知っていた。◆16世紀、ナツメグはペストを防ぐといわれ、需要が増えて価格が高騰した。◆インドネシアやインドでは、ナツメグは嗅ぎタバコとして使われている。◆ナツメグは高揚感や陶酔感をもたらすことがあり、1960年代のアメリカの大学生は「オルタナティブ・ハイ(麻薬代用品の意)」と呼んでいた。◆ナツメグの木は実をつけ始めるまでに約7年かかり、収穫量がピークに達するまでに20年かかる。◆インドでは粉にしたナツメグを燻す。◆ナツメグの精油は化粧品やハミガキなどの医薬製品に使われている。

種子をつかったスパイス | 39

ポピーシード／ケシの実
Poppy Seed(*Papaver somniferum*)

古代からポピーは栄光と豊穣のシンボルとされてきた。さまざまな文明において、ポピーの咲く畑では作物が豊かに実ると信じられていた。真っ赤な花がつける栄養価の高い小さな腎臓形の種子は、紀元前5000年から収穫されている。メソポタミアで広く繁茂し、古代エジプトの墓からも見つかっている。ギリシャ人はその種子をパンの風味づけや薬として使ったが、クレタ島のミノア人はアヘンを採るために栽培した。中世ヨーロッパでは多産や富を願って、また寝つきをよくするため、パンにポピーシードを振りかけた。透明人間になる魔法だともいわれた。ポピーの取引が増え、やがて中国のアヘン戦争に発展した。ポピーシードは80年以上休眠できるため、第一次世界大戦の戦場で30センチ四方当たり約2500粒ものポピーシードが発芽したことがある。中間地帯や墓地に一気に赤い花のじゅうたんが広がり、ポピーは戦争の悲哀の象徴となった。

特徴と使い方 [日本では法的規制がある]		
原産地と分布	味や香り	料理に使うには
●原産地：エジプト ●分布： ・アラブの商人がポピーをギリシャや東洋、イラン東部のホラーサーン、インドにもたらした。 ・現在は、パキスタン、スペイン、フランス、トルコ、イスラエル、東欧、オランダ、チェコ、インド、オーストラリアで栽培されている。	ナッツのような香り。	●パン、パスタ、ケーキ、マフィン、シュトルーデル[ドイツの焼き菓子]、ペストリー、クラッカー、パンケーキ、ワッフルに振りかけて。 ●インド料理、ユダヤ料理、ドイツ料理、スラブ料理によく使われる。 ●すりつぶして卵麺、魚、野菜料理にかけたり、フルーツサラダのドレッシングに加えたり、ソースに風味を加えるのに使う。

🍴 栄養士からのアドバイス

この小さな粒には、信じられないほどたくさんのものが含まれている。ポピーシードは、重要な栄養素で心臓にもよい一価不飽和脂肪酸のオレイン酸が豊富。オリーブオイルに豊富に含まれていることで知られるオレイン酸は、心疾患を防ぐ働きをする。ビタミンB群も豊富に含み、脂肪や炭水化物を燃やしてエネルギーに変える役目を果たしている。また、骨をつくるカルシウムや赤血球をつくる鉄も豊富だ。パンを焼くときに振りかけるとよい。

伝統的な利用法と効能

不眠症、病人や体の弱っている人に安眠をうながす、神経過敏をやわらげる、咳、痰、カタル、喉の痛み、声がれ、頭痛、歯痛、痛み全般の緩和、炎症、体力の消耗、痛風、丹毒、てんかん、胸膜炎、マラリア熱、下痢や月経痛をやわらげる

その他の用途

★ポピーシードはオレイン酸とリノール酸を豊富に含み、悪玉コレステロール値を下げ、善玉コレステロール値を上げる働きがある。また、冠動脈疾患や発作を防ぐ。
★抗がん薬として期待されている。
★古代ギリシャの医師ヒポクラテス（紀元前460-前377）は、ポピーの汁を麻酔薬、睡眠薬、下剤として記している。
★現在ではポピーに含まれるモルヒネやコデインは不可欠な医薬品である。

 警告 アヘンゲシには麻薬性がある［日本では、ケシの栽培は「あへん法」により原則として禁じられている］。

🌱 食の豆知識

★ ポピーシードを挽いてペースト状にしたものは料理や肌の保湿に使える。

★ ポピーシードオイルはオリーブオイルのようにさまざまな料理に使われるほか、産業用、医療用としても使われている。

★ スロバキアやリトアニアのクリスマスイブの伝統料理には、ポピーシード入りの牛乳に浸して出すビスケットがある。

★ ポピーシードは鳥の好物。

❓ こぼれ話

ポピーシードをまぶしたベーグルを食べると、モルヒネやコデインの薬物検査で偽陽性が出ることがある。◆ポピーは、「フランダースポピー」「コーンローズ」「レッドウィード」「シャーレーポピー」とも呼ばれる。◆ミノア文明下のクレタ島ではポピーの女神が崇拝された。◆初期のギリシャ人は安楽死のためにポピーのエキスを使ったといわれている。◆ペルシャ文学では赤いポピーの花は愛の象徴とされる。◆ポピーシードはモルヒネを含むことから、シンガポールやサウジアラビアでは禁止されている。

パセリシード Parsley Seed (*Petroselinum crispum*)

小さな楕円形のパセリシードは、しわしわでうねりがある。なかなか発芽しないことから、17世紀には「パセリは発芽前に9度悪魔のところへ行く」という言い伝えがあった。古代ギリシャ人は、パセリはドラゴンに殺されたアルケモロスの血から芽吹いたと信じ、パセリを儀式に使った。ローマ人は征服した土地に次々とパセリを伝えていった。アングロサクソン人は戦闘による頭蓋骨骨折の修復にパセリを使った。ただし、パセリは多くの鳥や動物に対して毒性があり（ただし、ゴシキヒワはパセリシードを好む）、妊娠中の女性はパセリの精油やシードを摂取してはならない。

特徴と使い方

原産地と分布	味や香り	料理に使うには
●原産地：サルデーニャ島 ●分布：イタリア、アルジェリア、チュニジア、その後ヨーロッパ中に広がった。	●アニスのような甘味と香り。 ●味にアクセントをつける。	チーズにごく控えめに。

栄養士からのアドバイス

穏やかな利尿作用をもつパセリシードは、欧米では腎臓病の大きな要因である高血圧を抑える効果があるといわれている。病気と闘う抗酸化物質も豊富で、卵巣疾患や女性ホルモンの失調を防ぐことが研究で明らかになっている。

伝統的な利用法と効能

下痢、ガスだまり、消化不良、便秘、胃痛、胆石、リウマチ、坐骨神経痛、月経痛、月経不順の解消など、女性生殖器の機能を促す、エストロゲンの分泌促進、性欲の減退、前立腺の疾患、高血圧、泌尿器や腎臓の疾患、体液うっ滞、膀胱炎、咳、痔、傷、歯茎の炎症、潰瘍、黄疸、疝痛。ヤギやヒツジの腐蹄症を治す

 警告 パセリはミリスチシンを含み、大量に摂取すると、幻覚、悪心・嘔吐を引き起こすことがある。妊娠中の女性はパセリシードや精油を摂取しないこと。

⭐ その他の用途

★ パセリシードは、根よりも精油を多く含む。マラリア熱やマラリア性疾患によく効く。

★ 殺菌作用や穏やかな利尿作用がある。

★ がん、ぜんそく、糖尿病に効くと考えられている。

★ 第一次世界大戦の塹壕で、パセリのハーブティーは赤痢による腎臓の合併症をやわらげた。

★ パセリシードは、洗顔用クレンジングオイル、化粧水、アイクリームによく使われている。

❓ こぼれ話

神聖ローマ帝国カール大帝は、パセリシードで香りづけしたチーズが大好物だった。◆フランスではリンパ節の腫れの治療にグリーンパセリとカタツムリを使う。◆パセリを上手に育てられる者は一家の主人か魔女であるといわれている。◆腐臭を抑えるために遺体にパセリを撒き散らした。

アニス／アニシード（アニスシード）
Anise／Aniseed(Anise Seed)（*Pimpinella anisum*）

アニスは少なくとも2000年前から栽培されていて、キリスト教の聖書にも登場する。セリ科ニンジン属のひとつで、白や黄色の可憐な花をつける。毛羽立った茶色の小さな種子は、やさしい甘い香りがする。アニスは貴重品で、パレスチナでは供物、教会に払う十分の一税、税金の支払いに使われた。紀元前1500年にはすでに古代エジプト人が好んで使っていた。9世紀には神聖ローマ帝国カール大帝の命により荘園でアニスが栽培された。アニシードは災いを払い、願いをかなえる精霊を呼びこむといわれている。

特徴と使い方

原産地と分布	味や香り	料理に使うには
●原産地：東地中海地域（クレタ島、中東、南西アジア） ●分布： ・中央ヨーロッパや多くの温暖な地域 ・現在では、ロシア、ブルガリア、ドイツ、マルタ、スペイン、イタリア、北アフリカ、ギリシャなどで栽培されている。	甘くスパイシー。	●ケーキやビスケット、ライ麦パンの香りづけに。 ●魚、鶏肉、根菜とともに使ったり、スープに入れたりする。 ●ジェリービーンズの黒、リコリス、アニシードボール、ハムバグ〔イギリスで販売されているキャンディ〕にも入っている。 ●ギリシャのウーゾ、フランスのアブサン、アニゼット、パスティス、ドイツのイエガーマイスター、イタリアのサンブーカなど、リキュールに使われている。 ●ルートビアにアニスを使っているものもある。 ●フランスのリキュール、シャルトリューズの隠し味のひとつといわれている。

🍴 栄養士からのアドバイス

美味で用途が広く、病気を予防する抗酸化物質を豊富に含む。ビタミンB群も多く含まれ、脳や神経系に影響を与える物質を調整する。アニスに含まれる銅、鉄、マンガン、リンなどのミネラルは、人間の健康を支える重要な役割を果たす。

⏳ 伝統的な利用法と効能

ヘビの咬み傷、アタマジラミ、ダニ、虫刺され、性欲減退、勃起障害、消化器の疾患、ガスだまり、疝痛、浮腫、腸管障害、口臭、しゃっくり、空咳、てんかん、けいれん、不眠症、月経痛に。母乳の出をよくする、穏やかな利尿作用、ラードか鯨油に混ぜて皮膚の炎症の緩和に。馬や犬の腸の疾患に。

❓ こぼれ話

古代ローマ人は胃腸をすっきりさせるために、宴や結婚式のこってりした料理のあとにアニスのケーキをふるまった。現代のウェディングケーキを出す習慣はこれに由来する。◆アニスオイルはネズミ取りの餌として効果がある。◆養蜂家はミツバチを巣に呼び戻すためにアニスを使う。◆枕にアニシードを入れると悪夢を見ないといわれる。◆犬がアニシードのにおいを好むので、「ドラッグハント」（獲物に似たにおいを猟犬に追わせる、動物を殺さない遊び）で使われる。また動物を殺す狩猟に反対する動物愛護派のデモでは、猟犬を惑わすのに使われる。◆独特の匂いがオーバーヒートを知らせてくれるので、蒸気機関車のベアリングにはアニスオイルのカプセルを入れていた。

種子をつかったスパイス

セサミシード／ゴマ Sesame Seed（*Sesamum indicum*）

セサミはアフリカや中東で早くから知られていたが、学名 indicum はラテン語で「インドから来た」を意味する。ヒンドゥー教の古い伝説にも登場し、油を採るために栽培された最古の植物といわれている（約3500年前のエジプトの医学書エーベルス・パピルスにもその名がある）。紀元前約3000年の古代アッシリアの神話では、神は大地を創造する前にセサミのワインを飲んだとされている。古代中国人は明かりとしてセサミオイル（ゴマ油）を燃やし、その煤で墨をつくり書道に使った。セサミオイルはバビロンでは紀元前2100年から前1750年までランプに使われ、女性たちは香水のベースに使い、美と若さを保つためにセサミにハチミツを混ぜて食べた。ローマ人の兵士はセサミの菓子をエネルギー源とした。中世ヨーロッパでは、セサミは同じ重さの金と同じ価値があり、古いセサミオイル圧搾機の多くが中東で使われ続けた。アリババが盗賊の洞窟の前でとなえる「開け、ゴマ！」は、熟したセサミのさやが軽く触れただけで割れ、白や金や茶や黒の種子がはじけ出ることに着想を得ている。

特徴と使い方

原産地と分布	味や香り	料理に使うには
●原産地：インドか東アフリカ ●分布： ・トルコ、中東、東インド諸島、その後アジア、とくにミャンマーと日本。 ・現在は、熱帯や亜熱帯、温暖な地域のほとんどで栽培されている。 ・世界で年間約384万トン生産されており、主要輸出国ミャンマーは722,900トン（世界総生産量の18.84％）を生産し、インド、メキシコがあとに続く。 ・主要輸入国は、日本、続いて中国、アメリカ、カナダ、オランダ、トルコ、フランス。 ・ハンバーガーチェーンのマクドナルドは、メキシコ産セサミの75％を購入している。	ナッツに似た香り。	●炒って擦ったり、ホールのままパン、ベーグル、クラッカーに入れたりする。 ●サラダ、スープ、パスタ料理に。 ●燻製魚、ロブスター、鶏肉、豚肉、野菜に。 ●バター、ショートニング、マーガリンに入れる。 ●ケーキ、マフィン、棒状やボール状のお菓子、クッキー、ウエハース、デザート、アイスクリーム、チョコレートにも。 ●ペーストにしてソースに加える。

栄養士からのアドバイス

この素晴らしいシードをぜひ食事に取り入れてほしい。セサミシードには、血管を強くする銅、骨や腸を保護するカルシウム、エネルギーを生成する鉄が豊富に含まれている。また、シードに含まれるリグナン繊維や植物ステロールは、コレステロール値や血圧を調整し、心臓血管の健康を支える役目をする。

伝統的な利用法と効能

糖尿病、がん、多発性硬化症、ハンチントン病、ストレス、頭痛、片頭痛、鉄欠乏性貧血、高コレステロール、高血圧、便秘、月経前緊張症、腸内寄生虫、性的活力、心臓・骨・歯・皮膚の健康促進、デトックス

その他の用途

★中国人は若さと健康を保つために、ブラックセサミシード（黒ゴマ）を使う。
★セサミオイルのマッサージは血行をよくし、神経を鎮め、ストレスをやわらげる。

食の豆知識

★中国料理にはセサミシードとセサミオイルは欠かせない。セサミオイルは韓国や中国の主要な料理油で、地中海料理でのオリーブオイルに相当する。
★セサミオイルはディップやマリネに風味をつける。
★シチリアではクリスマスに、セサミシードとハチミツを混ぜたヌガー（もとは中東の菓子）をオレンジの葉にのせて配る習慣がある。

こぼれ話

台湾のチェン・フォーンシャン（1956-）がセサミシード1粒に漢字28文字の詩を書き、世界記録としてギネスブックに掲載されている。◆広東料理の甘い黒ゴマ汁粉は白髪防止に効くといわれている。◆セサミは、砂漠、干ばつ、猛暑、モンスーンの雨にも耐えられる。◆インドでは、セサミシードは不滅の象徴として神聖視され、葬儀で壺に入れられる。◆エジプトの壁画に、パンをつくる人が生地にセサミを振りかける様子が描かれており、ツタンカーメンの墓からもセサミシードが発見されている。◆韓国料理の「サンナクチ」は生きたタコをぶつ切りにして、セサミオイルで和えたものだが、オイルはタコ脚の吸盤が喉に吸いつかないようにする役目もする。◆セサミオイルで赤ちゃんをマッサージすると睡眠を促す。◆セサミオイルは石鹸、潤滑油、化粧品の材料として使われる。

フェヌグリーク／メティ
Fenugreek (*Trigonella foenum-graecum*)

フェヌグリークは海沿いの砂地や河川敷に生育する。野生のクローバーともいわれ、実際、クローバーのような香りがある。黄色か白の可憐な花の後に、黄褐色の種子が入った細長いさやができる。古代ギリシャでは家畜の干し草の味をよくするためにフェヌグリーク（ギリシャ語で干し草の意）を加えていたが、炭化した種子を放射性炭素年代測定法で調べた結果、それより前の紀元前約4000年からイラクで使われていたことがわかった。古代エジプトのツタンカーメン王の墓から乾燥した種子が発見されており、当時から食用や遺体の防腐処置で使うお香にフェヌグリークが使われていたと考えられる。エルサレムにたてこもっていたユダヤ人は、ローマ軍を撃退するために煮えたぎった油にフェヌグリークを混ぜて使ったという。

特徴と使い方

原産地と分布	味や香り	料理に使うには
●原産地：中東（とくにイラク、エジプト） ●分布： ・フランス、スペイン、トルコ、モロッコ、イラン、アフガニスタン、バングラデシュ、ネパール、パキスタン、インド、中国、アルゼンチン ・現在の主要産出国はインド（ラジャスタン地方で、国内の80%以上を生産）	●強い香り、やや苦味がある。 ●ラベージ（ハーブ）やセロリに焦げた砂糖を併せたような風味。	●インドカレー、ダール（豆の）カレー、ピクルス、マンゴーチャツネ、マリネに。 ●トルコ、エジプト、イラン、エチオピアの料理に。 ●焼き菓子、パン、ピタパンに。 ●キャンディ、アイスクリーム、チューインガム、ソフトドリンクに。 ●バタースコッチキャンディやラム酒の香りづけに。バニラやメープルシロップの代用香料として。

栄養士からのアドバイス

フェヌグリークは母乳の出をよくすることで知られているが、すべての人にとってよい栄養源になる。鉄やビタミンB群が豊富に含まれ、リラックス効果のあるマグネシウムや腸を保護する食物繊維も含まれている。また、月経前症候群など女性ホルモンの変動による諸症状にも役立つと考えられている。

伝統的な利用法と効能

風邪、喉の痛み、胃や腸・腎臓の疾患、膿瘍、腫れもの、吹き出もの、腺病、くる病、マラリア、貧血、糖尿病、痛淫、認知症、月経前緊張症、更年期症状、催淫、男性の性欲増進、重量挙げのための筋力増強、ステロイド、経口避妊薬、母乳の出をよくする。馬や家畜の調薬、家畜飼料や干し草の味つけに。

食の豆知識

★ シードはハーブティーになり、煎るとコーヒーの代用品になる。
★ 発芽したものをサラダや野菜料理に使う。
★ 中東の伝統菓子ハルヴァのユダヤ版や、ユダヤの新年の祝いで出されるディップ、ヒルベ（hilbeh）に使われる。

こぼれ話

女性（とくにハーレムの）は、体重を増やしてバストを豊かにするためにフェヌグリークを食べた。◆古代ローマの政治家、大カトー（紀元前234-149）は家畜の飼料作物としてフェヌグリークをあげている。◆アラビア語の挨拶に「あなたがフェヌグリークの繁るところを歩んでいけますように」という表現がある。◆黄色の染料になり、穀物倉庫では防虫剤としても使われている。

果実・実をつかったスパイス

チリペッパー／カイエンペッパー／唐辛子
Chilli／Cayenne(*Capsicum annuum*)

多くの品種があるナス科トウガラシ属のチリペッパーは、少なくとも紀元前 7500 年からアメリカ大陸で食べられ、6000 年以上前からメキシコで栽培されていた。16 世紀にスペイン人とポルトガル人がアメリカ大陸でレッド（赤く熟した）チリペッパーを発見してヨーロッパに持ち帰り、修道士が栽培を始めた。カイエンペッパーの実は細長いさや状で、色は元は緑か黄色だが、熟すと真っ赤に変化する。さやには小さな平たい種子が入っている。「ギニアスパイス」「レッドホットチリペッパー」「バードペッパー」とも呼ばれるカイエンペッパーは、乾燥したさやと種子を細かく挽いた赤い粉末で、とても辛い。料理の風味づけや医療用に使われている［チリペッパーの一種であるカイエンペッパーは、厳密には右頁のような細長いさや状のものをさすが、日本では唐辛子の名称も含め、チリペッパー、カイエンペッパー、いずれの名称も同様に使われることが多い］。

特徴と使い方

原産地と分布	味や香り	料理に使うには
●原産地：中および南米（フランス領ギアナ） ●分布： ・ポルトガル、スペイン、モロッコ、後にインド、中央アジア、韓国、トルコへ。 ・インドはチリペッパーの生産、消費、輸出ともに世界 1 位である。 ・インドから輸出されるチリペッパーの 75%は南部のアンドラ・プラデシュ州で生産されている。 ・日本には 1543 年にポルトガル人宣教師によってもたらされた。	ナス科トウガラシ属には、パプリカやピーマンなど、ベル状の実をつける辛くない品種もあるが、多くのチリペッパーは非常に辛く、刺激が強い。	●ビネガーとよく併用される。 ●インドネシア料理、韓国料理、中国(四川)料理に。 ●ホットソース、チリコンカン、スペインのチョリソー、インドのタンドリーチキンに。 ●チリパウダーミックスには、乾燥させて粉末にしたチリペッパー（多くはカイエンとパプリカの両方を使用）に、クミン、ガーリック、オレガノが入っている。 ●牛肉や豆に。 ●煮こみ料理、スープ、ソーセージ、トマトソースに加える。 ●カイエンペッパーは、バッファローウイングソース［揚げた鶏手羽にからめるソース］に使われることが多い。

🍴 栄養士からの アドバイス

チリペッパーやカイエンペッパーを敬遠する人もいるが、焼けるような辛さは抗炎症作用をもつ証である。ペッパーに含まれるカプサイシンは、病気の原因になる炎症を積極的に抑制し、関節炎のような症状にもよく効く。また、これらのスパイスは、コレステロール値やトリグリセリド値を調整し、血栓を防いで心臓を守ってくれる。鼻づまりを解消する効果もあるので、すっきり過ごしたい人は食生活に取り入れるとよい。

⌛ 伝統的な利用法と効能

血管を拡張させる。血液の循環をよくし、血圧を調整する。酸素消費を高め、エネルギー産生を促す。消化器系の調整、長期的な体重減少に。催淫、鎮痛、肝機能の改善、組織産生を促す（リン、マグネシウム、カリウム、鉄によって）。

 食の豆知識

★ チリペッパーは乾燥させるか酢漬けにして。
★ リン、マグネシウム、カリウム、鉄を含み、心臓の状態を向上させる。

❓ こぼれ話

チリペッパーから抽出される刺激成分カプサイシンは、催涙スプレーに使われている。◆チリペッパーはゾウに作物を荒らされるのを防ぐ効果がある。◆鳥はチリペッパーの辛さに鈍感なので、鳥の餌に入れておくと哺乳動物にとられるのを防げる。◆アメリカ大統領のジョージ・ワシントンとトマス・ジェファーソンは、ふたりともチリペッパーを育てていた。

果実・実をつかったスパイス

パプリカ／レッドペッパー
Paprika／Red Pepper（*Capsicum annuum*）

パプリカは多くの品種があるナス科トウガラシ属のひとつで、レッドペッパーを品種改良したもの。トウガラシ属は中南米が原産で、16世紀にスペイン人とポルトガル人によってヨーロッパに持ちこまれた。ほどなくスペインの修道士たちがさまざまな変種を栽培し始め、〈ピメントン〉と呼ばれる品種ができた。ヨーロッパ各地に運ばれた〈ピメントン〉は、ハンガリーで「パプリカ」と呼ばれるようになる。乾燥させて粉にしたパプリカパウダーは非常に辛かったが、1920年代にある園芸家が辛味の少ない品種をつくり出したことで、ハンガリー料理に欠かせないスパイスになった。甘いパプリカは種子の数が半分以下と少なく、辛いパプリカのほうが種子の数も茎も多い。甘いレッド（トマト）ペッパーはパプリカパウダーの主な原料で、ハンガリーは「赤い金」と呼ばれるこの植物を厳重に管理し、他の作物の倍の面積の耕地をあてた。

特徴と使い方

原産地と分布	味や香り	料理に使うには
●原産地：中南米 ●分布：ポルトガル、スペイン、モロッコ、ハンガリー、セルビア、オランダ、南米、アメリカのカリフォルニア	●日なたで育つと熟して甘くなる。 ●風味は国によってさまざま。 ●スペインのパプリカは樫の木の薪で燻される。 ●ハンガリーの鮮やかな赤いパプリカは、とりわけ甘みがある。	●ハンガリーのグラーシュ ●スペインのチョリソー ●ソーセージ、牛肉、煮こみ料理、肉のグリル、魚介類、ミートローフ、豆、卵、米、スープ、野菜、詰め物、トマトソースに。 ●マッシュポテトやローストポテト、フライドポテトの味つけに。 ●モロッコ料理ではパプリカに少量のオリーブオイルを混ぜる。

栄養士からのアドバイス

パプリカに多く含まれる抗酸化カロテノイドは、病気を防ぎ、健康を維持する役目を担っている。またパプリカには、全身のエネルギー産生を助け、心臓の健康にも役立つビタミンB6も含まれている。また、チリペッパーやカイエンペッパーと同様、抗炎症性をもつカプサイシンを含み、赤血球をつくる鉄も含んでいる。

伝統的な利用法と効能

血管や血液循環、エネルギーや刺激を与える、気分の落ちこみや倦怠感、疲労感の緩和、関節炎、頭痛

🌱 食の豆知識

★ ハンガリーの食卓には塩と辛いパプリカが置かれている。
★ 国際貿易ではスパイスはホール（そのままの形）で取引されるが、パプリカだけは例外的に粉末で取引される。
★ 動物園のフラミンゴにパプリカを混ぜた餌を与えると、ピンクの体色を維持できる。
★ ビタミンA、E、Kが含まれている。
★ パプリカに含まれているリン、マグネシウム、カリウム、鉄は、心臓の健康に役立つ。
★ ハンガリーの生理学者アルベルト・セント＝ジェルジ（1893-1986）は、パプリカの研究で1937年にノーベル賞を受賞した。彼はパプリカは柑橘類よりもビタミンCが豊富で、オレンジの7倍以上含んでいることを発見した。
★ トウガラシ類は乾燥させたり酢漬けにしたりして使う。

❓ こぼれ話

ハンガリーのカロチャでは、毎年パプリカ祭りと収穫期の舞踏会が催されている。◆パプリカで髪を染めると赤くなる。◆新大陸でレッドペッパーを発見した、探検家クリストファー・コロンブスは、この食物が辛くてスパイシーだったことから「ペッパー」と名づけた。実際にペッパー(胡椒)の代用になる。

キャラウェイシード Caraway Seed(*Carum carvi*)

キャラウェイは羽状の葉をつけ、放射状にクリーム色の花を咲かせる。細長い三日月形の茶色の種子キャラウェイシードは、実際は果実である。先史時代から貯蔵されており、石器時代の集落から見つかっている。一般にキャラウェイは収穫後は束にして日なたに干す。地中海東岸のレヴァント地方では、子どもの誕生を祝う料理など、さまざまな用途に利用されるトウガラシペースト「ハリッサ」の香りづけに使われている。かつて、キャラウェイは子どもを魔女から守り、移り気な恋人をつなぎとめる力があると信じられていて、媚薬の材料にもなった。また、餌に混ぜると家禽が逃げないともいわれていた。現に、伝書鳩はキャラウェイシードを好んで食べる。

特徴と使い方

原産地と分布	味や香り	料理に使うには
●原産地：南ヨーロッパ ●分布： ・フィンランド、オランダ、東・南東ヨーロッパ、北アフリカ（エジプトを含む）、西アジア、カナダ、アメリカ ・フィンランドは世界総生産量の28％を生産している。	●温かみのある、ほのかな甘い香り。 ●ほろ苦い、辛味、ナッツのような風味。 ●ガーリックとよく合う。 ●根はパースニップに似た味がする。 ●刺激があり、アニスに似た味わい。	●食後の口臭消しに。 ●キャセロール料理、パン（とくにライ麦パン）、デザートに。 ●ドイツのザワークラウトやソーセージ、ダンプリングに。 ●インド料理 ●リキュール、北欧の蒸留酒アクアビット、コーディアル、ポートワインに。 ●イギリスのシードケーキ、焼いた果物に。 ●豚肉、ガチョウ、キャベツ、チーズに合わせて。 ●ケーキやスコーンに散らして。 ●若い茎はサラダに入れて。 ●ゆでた根は野菜として食べられる。

栄養士からのアドバイス

胃腸に不快感のある人には欠かせないキャラウェイシードは、結腸がんを防ぐ働きをし、消化不良や鋭い腹痛をやわらげる効果もある。体のさまざまな組織に機能する極めて重要なオメガ3脂肪酸とオメガ6脂肪酸の両方を含んでいる。味のいいシードで、健康を守り、病気を予防する抗酸化物質も含んでいる。

伝統的な利用法と効能

消化不良、ガスだまり、疝痛、風邪、耳痛、打撲、便秘、ヒステリー、母乳の出をよくする、小児用薬の香りづけ、記憶力の向上、がん、感染症、老化の予防、口臭消し

🌱 食の豆知識

★キャラウェイは食物繊維の宝庫である。
★鉄、銅、カルシウム、カリウム、マンガン、セレン、亜鉛、マグネシウムに加え、ビタミンA、E、C、チアミン、ピリドキシン、リボフラビン、ナイアシンを含む。
★ローマの兵士はキャラウェイ（の根）と牛乳を混ぜてつくったパンを食べた。
★16世紀にスパイスとして扱われるようになった。
★柔らかい若葉はゆでてスープに入れるとよい。

❓ こぼれ話

キャラウェイは、香水、ローション、石鹸の香料に使われている。◆盗難を防ぎ、泥棒を逃がさないとされた（キャラウェイを入れたものは盗まれない）。◆ドイツでは、子どものベッドの下にキャラウェイシードの皿を置くと、魔女除けになるといわれた。

58 果実・実をつかったスパイス

柑橘類の果皮 Citrus Zest(*Citrus*)

柑橘類（本項では、主にオレンジ、ライム、グレープフルーツ、レモンを対象とする）の木は、日当たりがよく、霜の降りない環境で生育する。果皮（ゼスト）は表面にすばらしい香りの精油の入った油胞をもつ。強い風味も人気があり、乾燥させて保存できるほか、マーマレードや香水に利用されている。古代ローマの上流階級に好まれたことでヨーロッパ全体に広まった。レモン（*Citrus limon*）は十字軍兵士によってヨーロッパ中にもたらされたが、「レモン」に関する中世の文献によると、その多くは香りの強いシトロン（*Citrus medica*）を指している。乾燥させた柑橘類の皮はヨーロッパの一般的な食材だった。その後、果実と果皮の両方がスペインの探検家たちによってアメリカへ伝えられた［この果皮は「陳皮」として漢方薬にも使われている］。

特徴と使い方

原産地と分布	味や香り	料理に使うには
●原産地：東南アジアまたはオーストラリア、ニューカレドニア、ニューギニア島 ●分布： ・北アフリカに伝わり、その後、南ヨーロッパへ。 ・現在、140か国に分布。とくにスペイン、イタリア、アメリカ（カリフォルニア州、アリゾナ州、テキサス州、フロリダ州、ハワイ州）、メキシコ、ブラジル、中国、南アフリカ、オーストラリア。	●酸味、苦味。 ●花の香り。	●デザート、ペストリー、パイ、プディング、シャーベットに。ケーキ、クッキー、マフィンに。チョコレート、レモンドロップ、オレンジピールに。 ●砂糖煮、マーマレード、ピクルス、チャツネに。 ●ブーケガルニ、サラダ、飾りとして。 ●鹿肉、鴨肉、鶏肉の料理に。甘酸っぱい料理、カレーに。 ●薬味、ソース、レモンペッパーに。 ●リキュール、カクテル、ホットワインに。

栄養士からのアドバイス

柑橘類がもつ爽やかな成分には、血圧の調整をするカリウムだけでなく、がんを防ぐ働きをもつ抗酸化物質ポリフェノールも豊富に含まれている。柑橘類は果実だけではなく果皮にも、免疫力を高め、皮膚の老化を防ぐのに極めて重要なビタミンCが豊富である。

伝統的な利用法と効能

胃がん、腎結石。グレープフルーツの果皮は血圧を下げる。ビタミンCを豊富に含む柑橘類は壊血病を防ぐ。

食の豆知識

★ 柑橘類の中ではレモンがクエン酸をもっとも豊富に含む。
★ 柑橘類の果皮の精油は重要な香料であり、また、ほかの強いにおいをやわらげる。
★ 柑橘類のピール(果皮の砂糖漬け)は19世紀に流行し、今でもケーキやパンやデザートに使われている。

こぼれ話

柑橘類の果皮は洗顔料の代わりになる。◆レモンは長らく商品としてのクエン酸の主原料だった。◆柑橘類の果皮を水に浸して濾すと、健康によい飲み物になる。◆大航海時代、多くの船乗りが航海中に亡くなっていた。その原因がビタミンC欠乏による壊血病とわかってから、保存のきく柑橘類を航海に持っていくようになった。

マックルー／カフィアライム／コブミカン
Makrut Lime／Kaffir Lime(*Citrus hystrix*)

「カフィアライム」という名前は、Kaffir という語を無信仰者、非イスラム教徒、アフリカ系の人々への蔑称として使う地域があるため、避けられる場合がある。自生のマックルーの葉は香りがよく、砂時計のような8の字形をしている。マックルーの葉は多くのタイ料理や東南アジア料理に柑橘独特の風味を加えるのに使われ、精油は香水に使われる。とがった葉を茂らせるこの低木は、ワニの目を思わせるようなこぶ状の緑色の果実をつける。果皮にはライムに似た精油が含まれている。

特徴と使い方

原産地と分布	味や香り	料理に使うには
●原産地：東南アジアおよび熱帯アジア ●分布：バングラデシュ、インド、インドネシア、マレーシア、ネパール、フィリピン、タイ	●ピリッとしたレモンのような風味。 ●芳香、渋みがある。	●インドネシア料理、ラオス料理、カンボジア料理、クレオール料理、ベトナム料理、マレーシア料理、タイ料理 ●スープ、カレー、鶏肉、魚、エビ、野菜ヌードルのスープ ●ラム酒に添えて。 ●ジンジャー、バジル、チリペッパー、ガーリック、コリアンダー、ココナッツミルクと相性がよい。

栄養士からのアドバイス

マックルーは抗炎症作用と抗菌作用の両方を備えた、健康のためによいスパイスで、免疫力を高めたいとき、食事に取り入れるとよい。抗酸化物質が豊富なマックルーは、老化を防ぐビタミンCや目によいビタミンAも多く含んでいる。

伝統的な利用法と効能

咳、風邪、鼻炎、痰に。ハーブティー、消化不良の治療に。タイの軟膏、マレーシアのトニックに。アタマジラミ駆除のシャンプーとして。歯と歯茎の健康維持、髪や頭皮の洗浄剤、血を浄化する、気持ちを前向きにする

食の豆知識

★葉は生のまま／乾燥させて／冷凍させて、ローリエのように使われる。
★マックルーがないときは、レモングラスで代用できる。
★種子にはペクチンが多く含まれ、ジャムをつくるときに種子をモスリンの袋に入れて煮ると固まりやすくなる。
★カンボジアではマックルーを丸ごと砂糖漬けや砂糖煮にする。
★酸味のある果汁は魚料理に合う。

こぼれ話

シャンプーのほか、バスエッセンスや消臭剤、芳香剤、ボディースプレーにも使われている。◆洗濯用洗剤に使われ、落ちにくい汚れを取る。◆カンボジアでは、マックルーを混ぜた浄めの水が宗教儀式に使われる。◆傷がついた葉は、手拭きやポプリに使うとよい。◆マックルーは悪霊を追い払うといわれる。

ココナッツ Coconut (*Cocos nucifera*)

ココナッツ（ヤシの実 coconut）の coco は、ポルトガル語で頭蓋骨、頭、にやけ顔、しかめっ面、かかし、幽霊、ゴブリン、魔女など、多くの意味をもつ言葉から来ている。ココナッツの果実の表面が顔を連想させることからこの名がついたという説もある。ヨーロッパに最初にココ（coco）を持ちこんだのはバスコ・ダ・ガマの同僚で、イギリスに伝わってから後ろにナッツ（nut）をつけて呼ばれるようになった。若いココナッツの果実は甘い水分（ココナッツウォーター）をたっぷり含んでいて、飲用として収穫される。ココナッツは驚くほど用途が広く、ココナッツウォーターやココナッツミルクはもちろん、食品、油、楽器、燃料、炭としても使われている。コイアと呼ばれる外皮の繊維は、ガーデニングで培養土の代わりに使われる。

特徴と使い方

原産地と分布

- 原産地：
- ・アメリカ大陸かインド太平洋地域のどちらか、はっきりわかっていない。
- ・原産地は現在のニューギニア島に近い南太平洋ではないかと思われる。
- 分布：
- ・海流に乗って運ばれたか、ポリネシア人が持ちこんだと思われる。
- ・現在、北はハワイから南はマダガスカルまで、カリブ海地域、アフリカ大西洋岸、南米を含む熱帯沿岸地域の80か国以上で生育している。
- ・ココナッツの主要生産国はフィリピン、インドネシア、インド

味や香り

- 白い果肉は繊維質のシャキシャキした食感。
- わずかな甘みを含むミルクのような風味。

料理に使うには

- 揚げ油として。
- 固まった油はバターの代用になる。
- 果肉は生でも乾燥した状態（デシケイテッドココナッツ）でも利用可能。
- デザート、マカロン、板チョコに。
- ココナッツミルクはカレーによく合う。
- ココナッツチップスとして（ハワイ、カリブ海地域）。
- パームシュガーやジャッガリー（粗黒砂糖）、チャツネ、パルミット（ヤシの新芽）、ココナッツジャム、キャンディ、キャラメル、ゼリーに。
- トディ、パームワイン（ヤシ酒）、蒸留酒アラック、ココナッツウォッカに。

栄養士からのアドバイス

ココナッツは抗ウイルス性と抗真菌性があり、ビタミンC、鉄、セレンも含んでいるため、免疫力の増進に大いに役立つ。消化吸収がゆっくりで、銅も含んでいるので、元気がなく、食欲のない人にとってエネルギー産生を促す［ココナッツオイルには中鎖脂肪酸が多く含まれるため、消化機能が低下している人にもよく吸収され、エネルギー源となる。筋肉でもエネルギー源となり運動能力を高めると考えられている。また認知症やがんへの効果にも注目が集まっている］。

伝統的な利用法と効能

★バージンココナッツオイルはコレステロール値を下げる。
★ココナッツの皮は抗がん作用があるとされている。
★若いココナッツのジュースはエストロゲンのような特性をもつ。
★パキスタンにはネズミの咬み傷にココナッツを使う伝統療法がある。
★外皮の繊維を使ったハーブティーは炎症をやわらげる。
★根は下痢や赤痢を治す。
★殻でつくったカップは、毒入りの飲み物を中和するといわれている。
★殻や皮を燃やして出る煙は蚊除けになる。
★浸透性の高いココナッツオイルは、保湿液、ボディバター、石鹸、化粧品、ヘアコンディショナー、マッサージオイルに使われている。

その他の用途

★コイア（外皮の繊維）はドアマット、ブラシ、穀物などを入れる袋、ひも、ロープ、漁網、船のコーキング材、マットレス、椅子の詰め物などに使われている。
★コイアは培養土がわりに使われ、とくにランを育てるのによい。
★葉はマット、かご、桶、屋根材になり、インドでは婚礼の大テント「パンダール」に使われる。
★葉の硬い中肋は、ほうきや矢になる。
★殻は、ボウル、ひしゃく、ボタンをつくるのに使われる。
★皮つきで半分に割り乾燥させた殻は、床みがきに使える。
★芝居の効果音として、半分に割った殻と殻を打ち鳴らし馬のひづめの音を表した。
★ココナッツの材木はまっすぐで頑丈で塩に強いので、橋、家屋、太鼓、箱、カヌーなどの材料として優れている。
★ココナッツオイルはディーゼル燃料の代わりになる。

★ミクロネシアでは、ココナッツを密に編んだマットで、かぶと、腰当て、すね当て、胸当てなど、戦闘用の防具がつくられた。

食の豆知識

★インド南西部ケララ州のプットゥには、竹の筒にココナッツフレークと米粉を交互に詰めて蒸す料理がある。

★乾燥させたココナッツの果肉（コプラ）から、ココナッツオイルやココナッツミールがつくられる。

★実をすりおろしたココナッツフレークは、ココナッツパイに使われる。

こぼれ話

ココナッツウォーターは殻を割るまで中身が無菌で、血液と混ざりやすいため、第二次世界大戦中、非常時の輸液や点滴に使われた。
◆『アラビアンナイト』の主人公、船乗りシンドバッドは、5度目の旅でココナッツ商をしていたとされている。◆ココヤシは「生命の木」と呼ばれているが、樹皮も枝もないため、植物学上は木ではない。◆サメに食われるより、落ちてきたココナッツに当たって死ぬ人のほうが多いという言い伝えがある。◆オーストラリアに生息するタコの中には、攻撃から身を守るためにココナッツの殻を使う種類がいる。◆タイやマレーシアでは、調教されたブタオザルがココナッツを収穫する。◆ココナッツはモルディブの国樹で、国章にもあしらわれている。

スターアニス／八角 Star Anise (*Illicium verum*)

スターアニス（八角）は湿地の森林や小川のほとりに生育する。星形の8つの突起とアニスに似た味と芳香をもつことから名づけられた。学名の*Illicium*はラテン語で「誘惑」を意味するillicioに由来する。スターアニスの木は常緑のつやつやした葉をつけ、赤みがかった黄緑色の花を咲かせ、甲虫などの媒介で受粉する。花びらのような8つのさや（袋果）には茶色い種子が1つずつ入っている。この星形の果実は未成熟のときは多肉質で、乾燥すると木のように硬くなる。熟しきる前に収穫して、天日干しして香りを引き出すのがよい。アジア料理に広く使われており、生産コストがアニシード（p.44参照）よりはるかに安いので、欧米市場では次第にアニシードに代わって使われるようになっている。

特徴と使い方

原産地と分布	味や香り	料理に使うには
●原産地：中国南西部、ベトナム ●分布： ・アジア諸国（とくに中国とインド）、オーストラリアのニューサウスウェールズ州 ・現在の世界生産量は年間約400トン	●刺激性のある強い芳香、穏やかな甘み。 ●フェンネルに似た香りで、アニスやリコリスの風味を併せもつ。	●中国料理、インド料理、マレー料理、インドネシア料理 ●アジアのスパイスミックス（インドのガラムマサラ、中国の五香粉のメインスパイス）として。 ●ベトナムの牛肉のフォー（米の麺）に。 ●肉の風味をよくする。 ●鶏肉、豚肉、魚介、根菜、カボチャ、トロピカルフルーツ、デザートに。 ●ハーブティーに利用できる。 ●リキュール（ガリアーノ、サンブーカ、パスティス、アブサン）に。

 警告　日本のスターアニス（樒 *Illicium anisatum*）には注意。毒性が強く食用にはできない。

栄養士からのアドバイス

シキミ酸を豊富に含むスターアニスは、ウイルス、真菌、細菌による感染を防ぐことが証明されているほか、豊富に含まれる抗酸化物質は腫瘍の増殖を抑えるなど、免疫系をさまざまなかたちで活性化する。効果も高い上に

味もいいので、食生活に取り入れるとよい。

 伝統的な利用法と効能

食後に噛むと消化がよくなる、息をさわやかにする、ガスだまり、腸を刺激する、利尿作用、疝痛、リウマチ、体を温める、ホメオパシー療法のチンキ剤（種子から抽出）、男性の性欲減退の解消

 食の豆知識

★スターアニスは、さやのままか、種子か、粉末（使用直前に粉にするのがベスト）で売られている。
★種子は揮発性精油を含む。

 こぼれ話

スターアニスの化合物が抗ウイルス薬タミフルの主原料になっている。◆日本ではスターアニス（樒）は寺や墓地に植えられている。◆樹皮を粉末にしたものはお香として使われている。◆乾燥した果実は甘い香りをもち、ポプリに入れるとよい。◆石鹸や香水の香りづけに使われる。

ジュニパーベリー／ネズの実 Juniper Berries
(*Juniperus communis, J. drupacea, J. phoenicea, J. deppeana, J. californica*)

ジュニパーは針葉樹に属する唯一のスパイス。低木に緑色の実がなり、熟すと青くなる。紀元前1500年のエジプトのパピルスにも記述がみられる。古代エジプトの墓から発見されており、ギリシャから持ちこまれたと考えられる。古代ギリシャのオリンピック選手はスタミナをつけるためにジュニパーベリーを摂取した。ローマではインドのペッパーの代わりに使われた。ヨーロッパの伝承では、戸口にジュニパーを植えておくと魔女が入ってこないとされている。ジュニパーの芳香はスコットランドで魔除けに、チベットでも悪霊除けに使われた。

特徴と使い方

原産地と分布	味や香り	料理に使うには
●原産地：ギリシャ ●分布： ・北半球一帯：ヨーロッパ（とくに北欧）、北アフリカ、北アジア、アメリカ（とくにテキサス州、オレゴン州） ・ハンガリーで栽培されている。 ・アルプス山脈に多く生育している。	●樹脂や松、柑橘類を思わせる香り。 ●料理に使うには熟して黒っぽくなった実がよい。 ●ジンの香りづけには完熟前の緑色の実が使われる。 ●ブラックペッパーやマジョラム、ローリエ（月桂樹）の実と相性がよい。	●ペッパーの代用 ●肉の臭み消し ●ジビエ（野鳥、イノシシ・鹿など）・豚の肉の味を引き立てる。 ●キャベツやザワークラウトに。 ●アルザス料理、ノルウェー料理、スウェーデン料理、ドイツ料理、オーストリア料理、チェコ料理、ポーランド料理、ハンガリー料理に。 ●スウェーデンのビールづくりに。 ●ジンやランチョンミートの香りづけに。

栄養士からのアドバイス

ジュニパーベリーは消化器系によいことが知られているほか、利尿作用があり、体内にたまった水分の排泄を促して浮腫を解消する。また、抗菌性・抗真菌性があり、高濃度の抗酸化物質が心疾患やがんを予防する。

 警告 **妊娠中の女性や腎臓の弱い人は、過度に摂取しないこと。**

伝統的な利用法と効能

リウマチ、関節炎、骨関節の疾患、ガスだまり、消化不良、胸やけ、胸部の疾患、気管支炎、結核、心臓や肝臓の浮腫、便秘、疝痛、胆石、出産、生理不順、心不全、痛風、腰痛、尿路感染症、前立腺感染症、がん、いぼ、淋病、口臭消し、膀胱炎、体液うっ滞、高血圧、皮膚疾患、炎症、傷、ぜんそく、風邪、インフルエンザ、女性の避妊薬。ヒツジの浮腫の治療に。◆膵臓からのインスリン分泌を促進。食事療法中の糖尿病患者の空腹をやわらげる。◆ジュニパーのハーブティーは、かつて手術器具の消毒に使われていた。◆医師は感染を防ぐためにしばしばジュニパーベリーを噛んでいた。◆ジュニパーベリーを口に含んでいると腺ペストに感染しないと考えられていた。◆ハエ除けになるため、獣医が動物の傷口にジュニパーベリーの精油を使う。

食の豆知識

★蒸留酒のジン（gin）の名は、ジュニパーを意味するフランス語の genièvre、オランダ語の jenever に由来する。
★実と枝はフィンランドのビール「サハティ」に使われている。
★実は収穫後すぐ使うほうがよいが、乾燥させて保存することもできる。
★アルプス地方の料理には不可欠なスパイス。

こぼれ話

暑い地域では、ジュニパーの木は粘性の樹液を分泌する。◆ジュニパーはカナン人が崇めた豊穣の女神アシュラのシンボルだった。◆ネイティブアメリカンは食糧不足のときの食べものとして、また食欲抑制の薬として使った。また、実でビーズをつくった。◆ジュニパーベリーから抽出した精油は、アロマテラピーや香水に使われている。◆小鳥や野生の七面鳥がジュニパーベリーを食べる。

マルベリー〈ブラック／ホワイト／レッド〉／桑の実
Mulberry〈black/white/red〉(*Morus nigra, M. alba, M. rubra*)

若いマルベリーの実は、白や緑、淡い黄色で、ほとんどの種類が熟すとピンクに色づき、その後、赤や濃い紫色や黒へと変わる。中国では4000年以上前に生糸生産用の蚕のエサにするためにホワイトマルベリー（実の色が白いまま変わらない）の栽培を始めた。マルベリーは時速560キロメートル、つまり音速の約半分の速さで花粉を飛散させる。またマルベリーの種子は、鳥が実を食べてほかの場所で排泄することによって拡散される。

特徴と使い方

原産地と分布	味や香り	料理に使うには
●原産地：シリア、イラク、イラン、中国 ●分布：ヨーロッパ（とくにウクライナ）、アフリカ、アメリカ、アフガニスタン、イラク、イラン、インド、パキスタン、シリア、トルコ	●黒や赤の実は濃厚で、とても甘い。 ●白い実は淡泊な味。	●果物のペストリー、ジャム、シャーベット ●実は生でも乾燥させてもおいしい。 ●発酵させてワインをつくる。

栄養士からのアドバイス

マルベリーは血液をつくる鉄、発育を促すリボフラビン、免疫力を高めるビタミンC、骨を強くするカルシウムを豊富に含み、食生活に取り入れるとよい。また、高濃度の抗酸化物質が免疫系の働きを助ける。そのうえ、味もよい。

伝統的な利用法と効能

血圧の改善、ストレス、若白髪、便秘、糖尿病、痛風、虫歯、ヘビの咬み傷や出血。◆とくに樹皮は浮腫の治療、排尿促進、喘鳴、発熱、食中毒、頭痛、白血病（まだ研究段階）、目の痛みに使われている。◆ローマ人はマルベリーの葉を口腔や気管や肺の疾患の治療に使った。

食の豆知識

★乾燥させたマルベリーの木材（チップ）は肉の燻製に使われる。
★1607年にイギリス人がアメリカのヴァージニア州に入植したときには、マルベリーの木がたくさんあり、パウハタン族はその実を生で食べたりゆでて食べたりしていた。

❓ こぼれ話

蚕はホワイトマルベリーの葉しか食べないが、17世紀にイギリスのジェームズ1世は絹織物業を始めようとしてブラックマルベリーの木を1万本輸入してしまった。◆ロンドンのバッキンガム宮殿の庭園には、現在もマルベリーのナショナルコレクションがある。◆ドイツの伝承では、悪魔は靴みがきにマルベリーの木の根を使うといわれている。◆ギリシャ神話に登場する恋人たちピュラモスとティズベーは、マルベリーの木の下で悲しい死を遂げ、ふたりの血で白いマルベリーの実が赤く染まったという。神々はふたりを追悼するためにレッドマルベリーを創った。◆イギリスの詩人ジョン・ミルトン(1608-74)は、ケンブリッジ大学のクライスツ・カレッジにあるマルベリーの木の下で『失楽園』を書いたといわれている。◆マザーグースの「桑の木の周りを回ろう」の歌は、イギリスのウェイクフィールド刑務所の囚人たちが、マルベリーの木の周りを歌いながら歩いて運動するときのために、囚人によってつくられたとされている。

ペッパー〈ブラック／ホワイト〉／胡椒
Pepper〈black/white〉(*Piper nigrum*)

ペッパーは蔓性木質植物で、垂れた穂にたくさんの白い小花がつく。果実は核果と呼ばれ、これを乾燥させたものをペッパーコーン（胡椒の実）という。ブラックペッパー、グリーンペッパー、ホワイトペッパーは同じ果実で、加工方法が違う。ブラックペッパーは熟しかけの実を収穫したもの、ホワイトペッパーは完熟した実を収穫してから黒い外皮を取り除いたもの、グリーンペッパーは未熟な青い実で、塩漬けにされることが多い。ペッパーはもっとも人々に好まれ、一番流通しているスパイスのひとつで、紀元前4世紀にはすでにギリシャで知られていた。「スパイスの王様」や「黒い金」と呼ばれて珍重され、スパイスとしてだけでなく、租税や賠償金を支払うときの通貨として、また神々への捧げものとして使われた。中世には、ペッパーをどれだけ所有しているかが富の基準だったといわれる。これがスパイス貿易を大いに促進し、新大陸の発見や、ヨーロッパや中東の大商業都市の発展につながった。

特徴と使い方

原産地と分布	味や香り	料理に使うには
● 原産地：インド（とくにマラバル海沿岸やケララ州） ● 分布： ・東南アジア（タイ、マレーシア、ボルネオ島、カンボジア、ベトナム） ・現在の主要輸出国は、ベトナム、インド、インドネシア	・ピリッとした辛味と風味。 ・ホールでは香りや甘みはない。 ・熱を加えるか、挽くと、香りが立つ。	● 素材の味を引き立て、風味をよくする。 ● スープ、グレイビーソース、サラダ、野菜、マッシュポテト、ルタバガ（スウェーデンカブ）に。 ● すべての肉料理、中国料理、タイ料理

伝統的な利用法と効能

消化不良、腸内のガス、味蕾の刺激、発汗や排尿を促す、脂肪細胞の燃焼を促進 ◆ 精油はアーユルヴェーダのマッサージオイルのひとつで、ハーブ療法にも使われている。

栄養士からのアドバイス

ペッパーは強い抗菌性があるため、食物の保存に役立つ。病気を予防する抗酸化物質や、血圧の調節に役立つカリウムも豊富。骨を丈夫にするビタミンKも多く含んでいる。

食の豆知識

★実のついた穂を広げて何日か天日干しし

(熱湯にくぐらせることもある)、その後、穂から実をはずす。
★グリーンペッパーは塩漬けや酢漬けにしてもよい。

こぼれ話

ペッパーは鼻をムズムズさせ、神経末端を刺激して、くしゃみを引き起こす。◆ローマ帝国が衰退していた頃、ゴート族が侵略して3000ポンド(約1360キログラム)のペッパーを賠償金として要求した。◆中世ヨーロッパでは、持参金、地代、租税がペッパーコーンで支払われることがあった。◆ペッパーが貨幣代わりに使われていたため、「ペッパーコーン・レント＝名目地代」という言葉がある。◆米マサチューセッツ州セーレムで行われたペッパーの取引がアメリカ初の百万長者を生み出した。◆"pepper"という語は「元気」や「活力」の意味をもつようにもなり、"pep up(元気づけるの意)"という言葉が生まれた。◆1つの蔓に20～30個の花穂がつく。◆エジプトの王ラムセス2世のミイラの鼻孔にブラックペッパーのコーンが詰められているのが発見されている。◆ピンクペッパーやレッドペッパーは、じつはペッパーではなく、南米のコショウボクというまったく別の木の果実である。四川ペッパーも別種の植物。

果実・実をつかったスパイス

タマリンド Tamarind (*Tamarindus indica*)

堂々としたタマリンドの木は、実を収穫するだけでなく、材木として、また金属みがきとしても利用することができる。16世紀にイベリア半島からの入植者によって、メキシコや南米に伝えられた。明るい緑色の葉が垂れ下がり、香りのよい赤や黄色の花を咲かせる。「インドの日」の意味をもつタマリンドは、用途が広く味のよいさやをつける。さやはサヤマメとは違って赤褐色で、中では小さな茶色の種子が、水分の多いねっとりとした果肉に覆われている。果実としては珍しくカルシウムを含むが、酸味が強く、マラバル海賊は捕虜が急いで飲みこんだ真珠を吐かせるために、タマリンドと海水を混ぜたものを飲ませたといわれている。

特徴と使い方

原産地と分布

- 原産地：アフリカの熱帯
- 分布：
  - 中国の熱帯や亜熱帯地方、台湾、東南アジア、アラビア半島、インド、オーストラリア北部、南米、メキシコ、米フロリダ南部、西インド諸島
  - インドは最大の生産国

味や香り

- 甘酸っぱい。
- 爽やかな風味。
- 酒石酸と糖を多く含む。

料理に使うには

- 魚、スープ、カレー、米、エビ、煮こみ料理
- 鴨やガチョウのソース
- ピクルス、チャツネ、甘酸っぱい料理に。
- ウスターソースやブラウンソース
- ジュース、ソーダ水、アイスキャンディに。
- レンズ豆のような豆類とともに。
- デザート、ジャム、シロップ、シャーベット、アイスクリームに。

栄養士からのアドバイス

タマリンドはコレステロール値を下げる働きがあることが証明されている。繊維質の果肉は消化管から老廃物を排出させる作用がある。代謝を促進するチアミン、血液をつくる鉄、リラックス効果のあるマグネシウム、骨をつくるリンが豊富で、健康を支える万能食材なので、食生活に取り入れるとよい。

伝統的な利用法と効能

発熱、喉の痛み、炎症をやわらげる。腸疾患、吐き気、胆汁疾患、消化不良、赤痢、寄生虫による病気、目の痛み、結膜炎、潰瘍、腫れもの、痔、日射病、リウマチ、関節の腫れ、ねんざ、黄疸、ぜんそく、糖尿病、肥満、解毒剤、マラリア、傷

🌱 食の豆知識

★ タマリンドの果肉は糖と酸の含有量が、ほかのどの果物よりも多い。

★ メキシコでは生で食べるほか、砂糖漬けや塩漬け、あるいは乾燥させて軽食に。

★ 砂糖やスパイスを入れてボール状に丸めてもよい。

★ やわらかい若葉やつぼみは野菜として。

★ ミャンマー料理に、タマリンドの葉と、ゆでた豆、砕いたピーナッツ、フライドオニオンを合わせたサラダがある。

❓ こぼれ話

タマリンドに含まれる植物性化学物質ゲラニオールは、膵臓腫瘍の増殖を抑制すると考えられている。◆赤いタマリンドの木は密度が高く硬くて丈夫なため、家具や床材に適している。◆タマリンドに含まれる成分は、真鍮や銅のくもりを取る。◆葉の抽出物は黄色の染料になる。◆インドでは夜中にタマリンドから酸が出るので、タマリンドの木の下で寝るのはよくないとされている。◆タマリンドは盆栽に向いている。◆マダガスカルのワオキツネザルはタマリンドの実と葉が大好物で、栄養の半分以上をタマリンドから採る。

果実・実をつかったスパイス

バニラビーンズ Vanilla Beans (*Vanilla planifolio*)

バニラビーンズはサフランに次ぐ、世界で2番目に高価なスパイス。中央アメリカ原産のラン科のバニラは、発芽に特定の菌が必要なうえ、花が咲くのは1年に1日だけ、それも朝だけで、亜熱帯のオオハリナシバチやハチドリによって受粉する。スペインの征服者エルナン・コルテスが1520年代にメキシコからヨーロッパにバニラの苗を持ちこんだといわれているが、その後も300年間バニラビーンズの生産はメキシコの独占状態だった。1841年にインド洋のレユニオン島で、12歳の奴隷の少年が人工授粉の方法を見いだした。人工授粉は手間と時間がかかるが、これによってメキシコの独占は終わった。バニラの名はラテン語の「vagina（さや）」が語源で、細長いしわのよった黒いさやの形を言いあらわしたもの。このさやには何千もの小さな黒い種子が入っている。種子の入ったさやは熟成、発酵し乾燥すると、霜かダイヤモンドダストのような輝く粉を吹き、あの甘い芳香を放つようになる。

特徴と使い方

原産地と分布	味や香り	料理に使うには
●原産地：メキシコ、中米 ●分布： ・レユニオン島、モーリシャス、コモロ諸島 ・現在は、熱帯地方全域 ・インドネシアとマダガスカルが世界最大の生産国	●やさしく、まろやかな風味。 ●独特な芳香。	アイスクリーム、カスタード、チョコレート、キャラメル、シロップ、コーヒー、ケーキなどスイーツの風味づけに。

栄養士からのアドバイス

バニラの風味で気持ちがおだやかになることはよく知られているが、優れた健康効果があることはあまり知られていない。バニラはエネルギーをつくるビタミンB群が豊富で、酵素の働きを助ける効果があり、代謝を調節する。カリウムも含み、血圧や心拍数を調節する働きがある。

伝統的な利用法と効能

消化促進、腸内ガスの排出、熱の緩和、口あたりが悪い漢方薬に風味をつける、媚薬、砂

糖の代用（虫歯予防のため）

❓ こぼれ話

バニラはアステカ族が香料として栽培し、使っていた。◆初めてバニラアイスクリームをつくったのは、フランス人。◆現在は、人工のバニラ香料が手頃な代用品として流通している。◆1806年にロンドンでヨーロッパ初のバニラの花が咲き、その挿し木がオランダとパリに送られたが、オオハリナシバチがいなかったため、蔓が伸びただけで実がつかなかった。◆タバコや香水にも使われている。◆鎌状赤血球症の治療に役立つと考える研究者たちもいる。

樹皮・木・樹脂をつかったスパイス

樹皮・木・樹脂をつかったスパイス

フランキンセンス／オリバナム／乳香
Frankincense (*Boswellia*)

フランキンセンス（乳香）の樹脂は、東方の三博士がベツレヘムの幼子イエス・キリストに捧げた3つの贈り物のうちのひとつで、神聖なものとされた。旧約聖書の雅歌（ソロモンの歌）に登場し、洗礼式で使われる聖油にしばしば混ぜられた。紀元前1458年に描かれた古代エジプトのハトシェプスト女王の神殿の壁画に、フランキンセンスを入れた袋が見られる。フランキンセンスの木は硬い岩から生えることもあり、その樹皮に傷をつけて樹脂を採る。にじみ出た樹脂は涙の形に固まる。樹木や土壌、気候により、樹脂に違いが出る。陸路によるフランキンセンスの東方交易は、騎馬遊牧民パルティア人の激しい襲撃に見舞われ、紀元300年過ぎにはいったん終わりを告げる。その後、十字軍によってヨーロッパ中に広まり、〈香の道〉を通って中国まで伝わった。

特徴と使い方

原産地と分布	味や香り	料理に使うには
●原産地：アラビア半島、ソマリランド ●分布： ・世界総生産量の82%以上をソマリアが占める。 ・アラビア半島南部に生育する品種もある。 ・世界の年間生産量は約20万トン	●芳香がある。 ●マツに似た香り、やや強めのモミのような香り、スパイシーで、わずかにレモンのような香り。	●ショートブレッドやアイスクリームとよく合う。 ●ガムのように噛むこともできるが、ガムよりネバネバしている。 ●ハチミツにフランキンセンスの精油を1、2滴たらすとよい。

栄養士からのアドバイス

フランキンセンスには、うっ血を解消する作用や抗炎症作用があり、病気を防ぐのに役立つ。殺菌作用もあり、口腔内を健康にしてくれる。また、消化を促す効果もある。ホルモン調節に役立つことがわかっており、月経のある女性に最適。

伝統的な利用法と効能

香料、香水、アロマテラピー、鎮静作用、リラックス効果、精油はサソリに刺された傷に

効く、毒ニンジンの解毒、嘔吐、下痢、消化、潰瘍、腫瘍、大腸炎、ハンセン病、発熱、うつ病、発作、関節炎、傷、健康な肌を保つ、ぜんそく、女性ホルモン系、がん細胞抑制、膀胱がん、卵巣がん、アフリカやアジアの伝統薬に。

🌱 食の豆知識

★使用は少量にとどめること。
★黒ずみのない、透明なものがよい。

❓ こぼれ話

フランキンセンスは空気を浄化する。◆マウスの不安や抑うつ気分を取り除く。◆エジプト人は、香炉にフランキンセンスを入れて家を暖めることがある。◆ユダヤ人、ギリシャ人、ローマ人はフランキンセンスを「オリバナム」とも呼んだ。◆フランキンセンスは、たいていは隊商やゾウによって運ばれた。◆アラビア人はフランキンセンスの木から樹脂を採るとき、煙を焚いて毒ヘビを追い払っていた。◆オマーンで発掘された幻の都ウバールはフランキンセンス取引の中心地だったと思われる。◆古代エジプトの女性はフランキンセンスの灰をアイシャドウに使った。

セイロンシナモンとカシア Ceylon(True) Cinnamon, Cassia(*Cinnamomum verum*／*C. zeylanicum*, *C. cassia*)

セイロンシナモン（本シナモン）とカシア（しばしば「シナモン」の名で販売されている（「シナニッケイ」とも））は、どちらも幹の表面を削り落として、中の樹皮をはぎとったものだが、セイロンシナモンのほうが質が高い。シナモンは紀元前2000年にはエジプトにもたらされ、王や神への捧げ物として珍重された。商人たちが長い間シナモンの産地を明かさなかったため、シナモンは翼のあるヘビに守られているとか、世界の果てで網で引き上げられているなどともいわれた。伝説によると、不死鳥や巨大シナモン鳥はシナモンやカシアの小枝で巣をつくったという。ローマ時代、シナモンはいかだ舟でアラビア半島を回って運ばれた。その後、インドネシア人がモルッカ諸島から東アフリカに運ぶようになり、現地の商人が北部のアレキサンドリア（エジプト）へと運んだ。その後はベネチアの商人が、のちにはポルトガル、シンハラ（スリランカの多数派民族）、オランダの商人がシナモン市場で富を得た。

特徴と使い方

原産地と分布

- 原産地：
  - セイロンシナモン：アラビア半島、エチオピア、スリランカ、バングラデシュ、インドのマラバル海岸
  - カシア：中国南部
- 分布：
  - セイロンシナモン：ミャンマー、インド北部、ブラジル、モーリシャス、ジャマイカ。1767年にイギリスの東インド会社が南インドのケララ州にアジア最大のシナモン農園を築く。
  - カシア：インドネシア、ラオス、マレーシア、台湾、タイ、ベトナム、スマトラ島、セイロン島、日本、ジャワ島、メキシコ、南米

味や香り

- セイロンシナモン：上品な甘い香り、複雑な香味、砕けやすい、カシアより繊細な芳香をもつ。
- カシア：セイロンシナモンより色が濃く、肉厚で、きつい香味。精油は金色で、芳香性、刺激性がある。

料理に使うには

- ピクルス、マリネ、カレー、鶏や子羊肉の料理に。
- ギリシャ人やローマ人はワインの香りづけに使った。
- パン（ペストリー、シナモンロールなど）、アップルパイ、ドーナッツ、果物、チョコレートに合わせて。
- コーヒー、紅茶、リキュール、ブランデーの風味づけに。
- 抽出した精油はカキ料理のキャラウェイソースに使われている。
- 芽もスパイスになる。
- ペルシャ料理やトルコ料理の濃厚なスープや飲み物、お菓子に使われる。

栄養士からのアドバイス

シナモンは血糖値を下げる働きがあるので、2型糖尿病の人におすすめ。マンガンが豊富なため、健全な骨の成長や、糖質や脂肪の代謝を効率よく促進する効果がある。抗菌性もあり、風味がよいだけでなく感染も防ぐ。

 警告 最近の研究で、カシアを頻繁に摂ると、抗凝血作用のあるクマリンの摂取過剰になり、肝臓や神経系に障害が生じることが明らかになっている。

伝統的な利用法と効能

軟膏、ポプリ、衣類の香りづけ、下痢、便秘、悪心・嘔吐、ガスだまり、子宮出血、月経痛、糖尿病、消化促進、結腸がんのリスク軽減、脳の働きや記憶力の増進、コレステロール値を下げる、心臓病を予防する、風邪やインフルエンザ患者の体を温める、自然食品の防腐剤、抗真菌、抗菌、寄生虫を防ぐ、炎症を抑える

食の豆知識

★セイロンシナモンは、薄くもろい樹皮が何層にも巻かれている。
★カシアのスティックは、セイロンシナモンより硬く、肉厚で、巻きは一重。
★カシアには天然毒素クマリンが含まれている。セイロンシナモンにはわずかしか含まれていない。

こぼれ話

セイロンシナモンとカシアは、ミレトスのアポロ神殿に捧げられた。◆ローマ皇帝ネロは、妻の弔いに国が1年間に使う量のシナモンを燃やしたと伝えられている。◆古代エジプトでは、飲み物、香りづけ、薬、防腐剤として使われ、金より貴重なものだった。◆カシアの芽はクローブを小さくしたような形で、中世以降ヨーロッパで好まれ、「ヒポクラス」と呼ばれるスパイスワインによく使われた。◆モーセは聖油にセイロンシナモンとカシアの両方を使うよう主に命じられた。◆エルサレムの寺院でお香として使われた。

ミルラ／没薬
Myrrh (*Commiphora molmol, C. abyssinica, C. myrrha*)

ミルラ（没薬）は棘のある頑丈な木の樹皮から採れる香りのよい樹脂で、つやのある天然のゴムでもある。ほとんどは、岩の多い砂漠の灼熱の太陽のもとで収穫されている。樹脂はすぐに固まって、色は透明な黄色かくすんだ黄色から、白い筋が入った濃い色になる。現在は、香水、宗教儀式用の軟膏、お香、薬に使われている。その昔、ラクダの隊商によってアラビアからペトラへ運ばれたミルラは、そこから地中海沿岸全域に広まり、5000年にわたって取引されてきた。古代エジプトのハトシェプスト女王がミルラの木を手に入れるため探検隊をアフリカへ送った様子が、神殿に描かれている。その頃からエジプトでは防腐処理にミルラを使うようになった。シリアの伝説でミルラは、父親シーシスの怒りから逃れるため、神々によって木に変えられた娘の名に由来するとされている［ギリシャ神話では、キプロス王の娘ミュラの話として知られる］。

特徴と使い方

原産地と分布	味や香り	料理に使うには
● 原産地：東アフリカ、ナミビア、アラビア半島南部 ● 分布：東地中海沿岸、エチオピア、オマーン、ソマリア	苦味があり、スパイシー。	ワインに混ぜてもよい。

栄養士からのアドバイス

ミルラは呼吸器感染症にかかっている人が摂るとよい。カタル症状の進行を防ぐのと同時に、細菌や真菌による感染も防ぐ。古くからあるこのスパイスは、抗酸化物質が豊富で、免疫機能を高め、消化器系の不調を緩和する。疲労を感じている人にもよい。

伝統的な利用法と効能

発熱、潰瘍、カタル、咽頭炎、風邪、咳、ぜんそく、肺のうっ血、潰瘍のできた喉、歯周病、歯のぐらつき、口臭、歯痛。口内洗浄・うがい薬・練り歯みがきに。打撲、痛み、捻挫、痛みを伴う浮腫、血液循環、消化不良、食欲増進、下痢、心臓・肝臓・脾臓、リウマチ、関節炎、創傷、出血、更年期障害、子宮疾患、乳がん、肺がん、悪玉コレステロール

を下げる（善玉コレステロールを上げる）、感染予防に幅広い抗菌作用をもつ、蚊や虫除け、ヘビに咬まれた傷、毒ニンジンの解毒、ハンセン病、腺ペスト、壊血病、脱毛症、獣医学用軟膏

こぼれ話

液状のミルラはユダヤの聖なる香の材料になっている。◆東方の三博士がイエス・キリストに贈り物として捧げたもののひとつ。◆イエス・キリストが磔にされたとき、ワインにミルラを混ぜたものが捧げられ、埋葬時に体に塗るのに使われた。◆エジプト人は蚊除けにミルラを焚いた。◆ローマの囚人は処刑前にミルラを与えられた。◆聖書（「エステル記」2章12節）で、新しい王妃を浄めるためにミルラ精油が使われた。◆昔はミルラの樹脂を焚いたときの甘い煙で体臭を消した。

ドラゴンズブラッド／竜血／麒麟血 Dragon's Blood
(*Daemonorops draco, Dracaena cinnabari, Dracaena draco*)

ドラゴンズブラッド（竜血、麒麟血）は真っ赤な樹脂で、さまざまな種類の木から採れる。ひとつは、ラタンヤシ（*Daemonorops draco*）の熟す前の実を覆う赤い樹脂層をはがし、ボール状に硬く丸めたもの。ほかの樹木の幹や枝に傷をつけ、濃い赤色の樹脂を採取したものもある。ローマ人とギリシャ人は、古代エジプトのプトレマイオス朝時代から交易の拠点だったインド洋のソコトラ島で、リュウケツジュ（竜血樹、*Dracaena cinnabari*）を発見し使っていた。古代からドラゴンズブラッドは、お香、万能薬、染料、絵具、ニスとして使われてきた。ブードゥー教、民間伝承の多くで、ドラゴンズブラッドは、力、守護、魔力、幸運をもたらすとされている。中世の百科事典には、ドラゴンズブラッドは死闘の末に死んだゾウとドラゴンの血からできたと記されている。

特徴と使い方

原産地と分布	味や香り	料理に使うには
●原産地：インドネシア（*Daemonorops draco*）、カナリア諸島およびモロッコ（*Dracaena draco*）、イエメンのソコトラ島（*Dracaena cinnabari*） ●分布：スマトラ島、ボルネオ島、東南アジア	おいしくはないが、オートミールに入れてもよいし、酒にも使える。	●根からシロップをつくることができる。 ●ソコトラ島のリュウケツジュの実は、鳥や家畜が好んで食べる。

栄養士からのアドバイス

この毒々しい色のスパイスは、健康にさまざまな効果があることがわかっている。豊富に含まれる抗酸化物質が細菌感染を防ぐだけでなく、腫瘍の増大を抑制することが明らかになっている。昔から鎮痛薬や皮膚の治療に使われているのは、抗酸化物質を豊富に含むからだろう。

伝統的な利用法と効能

下痢、発熱、赤痢、便秘、胃腸障害、にきび、湿疹、腫瘍、呼吸障害、傷の治療（凝固剤にも、抗凝血剤にもなる）、口や喉の潰瘍、胸の痛み、心理的外傷、月経不順、消毒剤、抗ウイルス剤、酸化防止剤。◆リュウケツジュの一種 *Croton lechleri* に含まれるタスピンは抗がん作用があるとされている。

その他の用途

お香、薫煙、まじないを書くインク、儀式、中世の魔術、錬金術、練り歯みがき、ボディ用オイル、遺体防腐材、ニス、漆喰、写真製版、室内装飾、陶器、口紅や羊毛の染色

🅀 こぼれ話

お香やハーブに加えると、効力が増す。◆家具やイタリア製のバイオリンに塗るニスの原料として使われてきた。◆香の道を通って運ばれた。◆横断幕やポスターの紙、とくに中国で旧正月に使う紙の染色に使う。◆守護、厄払い、愛、性的能力のパワーを増強する。◆「レッドロックオピウム（赤石アヘンの意）」の名で販売されているが、アヘンは含まれていない。◆最古の木のひとつは巨大なリュウケツジュである。

オールスパイス／百味胡椒／三香子
Allspice (*Pimenta dioica*)

オールスパイス（百味胡椒、三香子）は、「ジャマイカペッパー」「イングリッシュペッパー」「マートルペッパー」「ピメンタ」「ピメント」「ニュースパイス」など、いくつもの別名をもつ常緑樹で、低木のものもあれば、枝葉を大きく広げる高木に成長するものもあり、コーヒーの木の日よけになっていることがある。まだ完熟していない青い実を収穫し、表面がつるつるした赤褐色になるまで天日干しする。外殻がもっとも大事な部分。クリストファー・コロンブスによってジャマイカで発見され、16世紀にヨーロッパに紹介された。複数の甘いスパイスをミックスしたような味を感じたイギリス人によって「オールスパイス」と名づけられた（1621年以前）。ヨーロッパで種子からの栽培が何度も試みられたがうまくいかず、鳥によって種子が拡散するジャマイカでしか育たないと考えられた。実際は、オールスパイスはジャマイカ以外にも広く分布していたが、鳥に食べられて排泄されないと発芽しない。

特徴と使い方

原産地と分布	味や香り	料理に使うには
●原産地：ジャマイカ、大アンティル諸島、メキシコ南部、中米 ●分布：トンガ、ハワイ、熱帯と亜熱帯の大部分	●シナモン、クローブ、ジュニパーベリー、ナツメグをミックスしたような香味。 ●刺激性の芳香。 ●つぶしたとき、イチゴとよく似た香りがする。	●デザート、パイ、ケーキ ●中東料理、カリブ料理 ●ジャマイカンジャーク、酢漬け、カレー、煮こみ料理、キャセロール、スープ、シンシナティ・チリ、クリスマス・プディング、ニシンの酢漬け、ソーセージ、根菜類のピューレ、マリネ、パテ、テリーヌ

栄養士からのアドバイス

抗炎症作用の高いオールスパイスは、関節炎、痛風、筋肉痛の緩和に役立つことがわかっている。消化器系の鎮静作用のあるスパイスで、抗菌、抗真菌性があり、免疫を高めるビタミンCを豊富に含んでいる。

伝統的な利用法と効能

消化不良、ガスだまり、抗菌薬として。◆ピメントウォーターは胃薬や下剤に使われている。◆亜麻布にオールスパイスの実のエキスを塗った膏薬は、神経痛やリウマチの痛みを

やわらげる。

食の豆知識

★ 葉は煮こみ料理に入れて味を出す(食べる前に取り出す)。
★ 中東料理には欠かせないスパイス。
★ バーベキューソースの主原料。
★ 「ピメントドラム」はオールスパイスで味つけされた西インド諸島のリキュール。

こぼれ話

消臭剤や石鹸の香りづけに使われている。◆精油は化粧品に使われ、男性用化粧品「オールド・スパイス」にも含まれている。◆カリブのアラワク族は肉の保存に使った。◆学名の *Pimenta* はポルトガル語の pimenta(ペッパーの意)に由来する。乾燥させた果実がペッパーの実に似ているためである。◆19世紀、ロシアの兵士たちは、足を温め、においを抑えるために、ブーツにオールスパイスを入れた。

スマック／ヌルデ Sumac(Rhus coriaria)

このウルシ科の植物にはさまざまな種類があり、花色は薄緑、乳白色、赤色など、葉はカエデのように色づき、夏の終わりに見事な深紅に紅葉する（スマックは「赤」の意）。樹皮、葉、若枝、根のすべてが利用される。赤や茶や紫の果実は砕いて粉末にしてたっぷり使うと、塩代わりになる。樹皮や葉から流れ出るミルクのような汁はゴム状に固まり、ニスやラッカー、染料の材料になったり、皮をなめすのに使われたりしている。アメリカ産のスマックで皮をなめすと黄色になり、ヨーロッパ産のスマックでは綺麗な白になり、グローブや靴に使われる。

特徴と使い方

原産地と分布	味や香り	料理に使うには
●原産地：アフリカ、アメリカ、カナダ ●分布：世界中の亜熱帯や温帯（南北アメリカ、イギリス、地中海沿岸、中東）	●サラダや肉に塩味やレモンのような風味を与える。 ●タマリンドに似ているが、苦味はない。 ●ラベンダーのような香りをもつ。	●料理の減塩のために使える。 ●マリネ、ローストチキンの詰め物、ミートボール、ケバブ、煮こみ料理に。 ●鶏肉、魚介、サラダ、米、豆類、パンに。 ●インディアンレモネードやワインづくりに。

栄養士からのアドバイス

病気と闘う抗酸化物質がとても豊富で、またアンチエイジング効果があり、抗菌性に優れている。消化を助ける食物繊維や、血圧を調節するカリウムも豊富なうえ、骨をつくるカルシウムやリン、リラックス効果のあるマグネシウムも含んでいる。

伝統的な利用法と効能

口腔内や喉の痛み、腎臓や膀胱の疾患、排尿痛、淋病、直腸出血、赤痢、下痢、風邪、発熱、咽喉痛、糖尿病、虚弱体質、母乳を増やす、やけど、皮膚発疹、潰瘍、腺病

食の豆知識

★ネイティブアメリカンは野生のスマックを料理や薬に使った。
★若枝や根は皮をむいて生で食べられる。
★果実は生でも火を通しても食べられる。
★ヨーグルトやハーブと混ぜると、おいしいソースやディップになる。
★フムス[中東の豆料理]のようにペースト状にして、メゼ（前菜）に添える。

その他の用途

★根の皮は、消毒剤、収れん剤、利尿薬になる。
★葉の浸出液はぜんそくに効く。
★葉で湿布すると、発疹が

やわらぐ。
- ★歯茎の痛みには葉を噛み、唇の荒れには葉をすりこむとよい。
- ★スマックの果実は、糖尿病、便秘、夜尿症、扁桃腺炎、白癬に効く。
- ★花の浸出液は、鎮痛作用のある洗眼剤になる。
- ★スマックのミルク状の汁は、傷や痔の軟膏になる。
- ★米アリゾナ州、カリフォルニア州、ニューメキシコ州のネイティブアメリカンは、スマックの木でかごをつくる。
- ★スマックでなめした皮は、色が明るく、やわらかい。
- ★養蜂家は乾燥したスマックの核果（スマックボブ）を燻煙器で焚いて使っている。
- ★スマックの茎は、ネイティブアメリカンのパイプの柄に使われる。
- ★ウルシ油から蝋燭をつくることができる。

 こぼれ話

スマック（無毒のウルシ）の果実には真っ赤な毛が生え、小さい花が集まって円錐花序（円錐形の花穂）をつくる。毒ウルシや毒ヅタは葉腋に円錐花序をつけ、果実はつるつるしている。現在、後者はスマックとは別ものとされている。

サンダルウッド／白檀 Sandalwood (*Santalum*)

サンダルウッド（白檀）は、アフリカのブラックウッドに次ぐ世界で2番目に高価な木材。芳香があり、彫刻に適した材質で、精油も採れることから、4000年にわたって重宝されてきた。香水、化粧品、お香、アロマテラピー、伝統医療に使われる。古い神殿や扉の多くがサンダルウッドでつくられている。その香りは何十年にもわたって持続し、シロアリなどを寄せつけない。1792年にマイソール王国のスルタン（王）がサンダルウッドを王家の木と定め、現在もインドやパキスタンでは政府の所有になっているが、違法な伐採が後を絶たない。サンダルウッドから、数珠や線香、小さな神像や仏像、杖、装飾品などがつくられている。根から貴重な精油が採れるため、伐採ではなく根ごと掘り起こされる。

特徴と使い方

原産地と分布	味や香り	料理に使うには
● 原産地：インドネシア、インド亜大陸 ● 分布： ・ネパール、バングラデシュ、スリランカ、ハワイを含む太平洋諸島 ・オーストラリア西部は、現在、サンダルウッドの精油の主要な産地になっている。	● 穏やかな温かみのある香り、特徴的な強い芳香。 ● スパイシーな刺激性のある香り。	● オーストラリアの先住民アボリジニは、サンダルウッドの実を殻ごと食べる。 ● サンダルウッドを濃縮した、飲み物がある。 ● 米のとぎ汁にサンダルウッドのパウダー、ハチミツ、砂糖を加えたものは、消化を助ける。 ● 通常、上記以外の料理には使われない。

栄養士からのアドバイス

多くの慢性疾患は炎症が原因で起こる。サンダルウッドはその抗炎症薬になるだけでなく、筋肉の緊張をほぐす筋弛緩薬にもなる。去痰薬としても有効で、風邪やインフルエンザのときによい。

伝統的な利用法と効能

乾燥肌、皮膚の炎症、乾癬、あせも、いぼ、かゆみ、一部の皮膚がん、ストレスや精神的不安をやわらげる、エジプトのミイラづくり（防腐剤として）、中国やチベットの伝統医学やアロマテラピー、抗菌（泌尿生殖器や皮膚の消毒）、気管支炎、淋病、膀胱炎、口腔洗浄、体臭ケア、解熱、頭痛の軽減、サソリに刺された傷、ヘビに咬まれた傷

⭐ その他の用途

建築、家具の製造、燃料、噛みタバコの香りづけ、香水、お香、石鹸、紫外線顕微鏡や蛍光顕微鏡の検査で使用するイマージョンオイル

★ インドでは火葬の際にサンダルウッドの薪を燃やして、死者の魂を天へ送り、会葬者を慰めた。
★ 富裕層向けの棺の材料に使われてきた。
★ ヒンドゥー教徒は額の中央に、第三の目としてサンダルウッドのペーストをつける。
★ 瞑想中、サンダルウッドの香りは心を浄化し、欲望を抑え、集中力を高める。
★ イランのゾロアスター教では、火をつかさどる祭司がサンダルウッドの火を絶やさないようにしている。

❓ こぼれ話

切り株から油が多く採れる。◆サンダルウッドは半寄生植物で、根を伸ばして他の植物からも栄養分を吸収する。◆サンダルウッドの香りは悪霊を追い払い、ヘビを引きつける。◆ヒンドゥーの伝説では、サンダルウッドの幹にヘビが巻きつくといわれている。

根・球根・根茎を つかったスパイス

タマネギ／オニオン Onion (*Allium cepa*)

タマネギはネギ属の植物で、5000年以上前から栽培されていたと考えられる。大昔から食生活に欠かせないもので、古代エジプト人は宴の席でタマネギを食べていた。また、その球形と内部の同心円が永遠の命を象徴すると考えられ、強いにおいと魔力が死者をよみがえらせるとして埋葬の儀式にも使われ、ラムセス4世（紀元前1160年没）は眼窩にタマネギを詰めて埋葬されている。中世ヨーロッパでは、タマネギが家賃の代わりや結婚式の贈り物としてやりとりされていた。形は球形か円錐形で、色は白から金茶色、赤、紫のものがある。

特徴と使い方

原産地と分布	味や香り	料理に使うには
●原産地：西〜中央アジア（おそらくイラン〜パキスタン西部） ●分布：世界中に分布する。主な生産国は、中国（年間2000万t以上）、エジプト、インド、アメリカ	●つんとする香りで、刺激と苦み、甘みもある。 ●においがマイルドなものや強烈なものがある。	●キャセロール料理、スープ、チャツネ、ピクルスに。 ●ソース、カレー、グレイビーにとろみをつける。 ●他のスパイスを混ぜてペーストに。 ●肉や魚のマリネに。

栄養士からのアドバイス

病気を予防する、抗酸化物質ポリフェノール、硫黄化合物が豊富で、健康に大いに貢献してくれる。また、髪や爪をつくるビオチン、脳の働きをサポートするマンガン、血液をつくる銅が豊富に含まれるので、多くの人に毎日たっぷり食べてほしい。

伝統的な利用法と効能

尿砂、浮腫、痔、赤痢、腰痛、傷、発疹、にきび、ねぶと、口内炎、そばかすを減らす、犬・虫・ヘビに咬まれた傷、肝臓の働きと腸の動きを促す、大腸がんのリスクを減らす、歯痛、頭痛、幻覚、高血圧・抜け毛の予防、循環器系・神経系の働きを助ける、睡眠を促す、ぜんそく、気管支炎、男性・女性の生殖

根・球根・根茎をつかったスパイス | 97

食の豆知識

★焼く、ゆでる、揚げる、生食、炒り煮、グリル、ロースト、など調理法はさまざま。
★ビタミンCが豊富。
★切ると化学物質が放出され、目にしみて涙が出る。

その他の用途

★毛糸を金茶色に染める。
★イースターのゆで卵に色をつける。
★ガラス・銅製品をみがく。
★鉄さびを防ぐ。
★占いに使われる。

こぼれ話

古代ギリシャのオリンピック選手はタマネギを食べ、タマネギの汁を飲み、体にタマネギをこすりつけて筋肉を引きしめた。◆ピルグリムファーザーズはアメリカにタマネギを持っていったが、すでにネイティブアメリカンはタマネギを食糧として、また衣類、染料、玩具として使っていた。◆エジプトのクフ王はピラミッド建設の労働者に、賃金の代わりにタマネギ、ガーリック、パセリを渡した。◆現在、世界中で年間920万エーカーの畑からタマネギが収穫されている。

機能を助ける、抗菌、利尿、食欲増進、害虫・蛾・モグラ除け。◆タマネギのシロップは咳をしずめ、風邪の症状をやわらげる。◆ローストしたタマネギは耳の痛み・腫瘍に効く。

ガーリック／ニンニク Garlic (*Allium sativum*)

ガーリックは7000年以上前から使われ、古代エジプト人たちは誓いを立てるときにはガーリックの神々に祈ったという。ラムソン（野ニラ）、野生ニンニク、野生タマネギなど、さまざまな種類がある。中国では紀元前2000年頃からワイルドリーク（ギョウジャニンニク）やエレファントガーリック（ジャンボニンニク）が栽培されていた。ガーリックは、吸血鬼、オオカミ人間、魔女、モンスター、悪魔を撃退するといわれ、身につけたり、窓辺や玄関につるしたり（インドでは店先にも）、鍵穴や煙突にこすりつけるとよいといわれる。イスラム教の伝説では、サタンがエデンの園を出たとき、左足の下からガーリックが、右足の下からタマネギが生えたといわれる。

特徴と使い方

原産地と分布

- 原産地：不明（おそらくシベリアとアジア）
- 分布：
- ・アフリカ、エジプト、南ヨーロッパ、シチリア島、その後世界各地へ。
- ・地中海沿岸諸国やフランスのプロヴァンス地方で多く栽培される。
- ・そのほかエジプト、ロシア、韓国、アメリカでも栽培されている。
- ・現在、アメリカでは、アラスカを除くすべての州で栽培されている。
- ・現在の最大の生産国は中国で、全世界の77%を栽培している。

味や香り

- 香りが強い。
- スパイシーな味は加熱すると甘くなる。
- トマト、タマネギ、ジンジャー、ヨーグルトとよく合う。

料理に使うには

- スープ、煮こみ料理、肉料理、野菜料理、パン、オイル、パスタ、鶏肉料理に。
- 中国[主に北部]では正月に餃子とガーリックの酢漬けを食べる。

栄養士からのアドバイス

ガーリックが効かない症状をさがすほうが難しいほど、万能のスパイス。鉄代謝を促し、心臓を守る効果が示されている。抗菌性、抗ウイルス性がある。病気の進行を防ぐさまざまな化合物が含まれており、日々の食事に取り入れるとよい。生のガーリックが消化に悪いと感じるなら、皮ごとローストすると味もよく消化しやすくなる。

伝統的な利用法と効能

ペスト、発熱、火薬による傷（傷の化膿止め）、天然痘、浮腫、寄生虫、風邪、消化不良、精力減退、呼吸器疾患、肺結核、ぜんそく、インポテンツ、日焼け止め、抗菌用・防腐（消毒）用・抗真菌の軟膏に。◆鳥、ミミズ、蚊などの虫、モグラを除ける。◆ガーリックに含まれるアリシンはがん予防に効く可能性がある。

こぼれ話

食べたあとのにおいを消すには、生のパセリを食べるか、サウナに入るとよい。◆古代ギリシャの剣闘士は、ガーリックは力と勇気を与えると考えていた。◆米カリフォルニア州ギルロイは「ガーリックの町」と呼ばれている。◆イスラム教では生のガーリックを食べたあとはモスクに入ってはいけない。◆ハンガリーの競馬で騎手たちは、後ろの馬がにおいを嫌って近づかないようガーリックを馬具につける。◆古代ローマ人はガーリックには催淫性があると考えていた。◆吸血鬼を撃退するといわれる。

ホースラディッシュ／西洋ワサビ
Horseradish（*Armoracia rusticana*／*Cochlearia armoracia*）

アブラナ科の植物で、丈は1.5メートルに達する。とがった白い根は、古代エジプト、ギリシャ、ローマでも知られ、3000年前から重宝されてきた。中世ヨーロッパでは根と葉が薬として使われた。英語名の horse の語源は「大きい、強い、粗い」といった特徴からきている。イギリスの宿屋では疲れた旅人に出すコーディアルをつくるためにホースラディッシュを栽培していた。ジョン・ヘンリー・ハインツは母親のレシピでホースラディッシュのソースをつくり、瓶詰めにした。これがアメリカで初めて市販された調味料のひとつである。

特徴と使い方

原産地と分布	味や香り	料理に使うには
●原産地：ロシア、ウクライナ、ヨーロッパ南東部、西アジア ●分布：ハンガリー、ドイツ、ポーランド、フィンランド、デンマーク、イギリス	●辛くつんとする刺激がある。 ●空気や熱にふれると辛みが消える。	●ローストビーフ、リブロース、ハム、オイスター、ゆで卵に添えて。 ●スープ、サラダ、マヨネーズ、サンドイッチの具に混ぜて。 ●カクテルの「ブラッディマリー」に。 ●葉も食べられる。 ●牛肉、鶏肉、魚介類、ビーツ、子羊肉、子豚、チーズ、ソーセージとともに。

🍴 栄養士からのアドバイス

ホースラディッシュは、消化を助ける食物繊維が豊富で美味なスパイスで、料理にアクセントをつけるとともに、健康にも役立つ。免疫系を助けるビタミンC、血液をつくる葉酸、骨をつくるカルシウム、血圧を調整するカリウムが含まれている。また、がんの発生を抑制することが示されているグルコシノレートを含む。

⌛ 伝統的な利用法と効能

刺激、利尿、抗菌、消化促進、発汗を促す、催淫、肌をきれいにする、そばかすを消す。浮腫、壊血病、しもやけ、坐骨神経痛、痛風、関節痛、リウマチ、脾臓と肝臓の腫脹（腫大）、風邪、咳、声がれ、喘鳴、結核、腰痛、神経痛、月経痛、頭痛、畑のミミズ除け

🌱 食の豆知識

★ポーランドのシレジア地方ではイースター

- の祝日にホースラディッシュのスープを食べる。
- ★日本のワサビはホースラディッシュでつくることもできる。
- ★ドイツでは現在でもホースラディッシュの蒸留酒がつくられ、ビールに混ぜて飲む人もいる。
- ★ドイツ南部の結婚式の伝統料理に、牛肉とコケモモにホースラディッシュ(「クレン」と呼ばれる)を添えたものがある。
- ★ユダヤ教の「過ぎ越し」の祭の料理に使われる、5つの苦い調味料のひとつである。

こぼれ話

ホースラディッシュは馬には毒になる。◆古代ローマ時代のポンペイの壁画に描かれている。◆デルポイの神託は、ホースラディッシュは同じ重さの金と同じ価値があると告げた。◆アメリカの一部では「鼻にツンとくるもの」(stingnose)と呼ばれている。◆ギネスブックには、アル・ウェイダーという人物がホースラディッシュの根を24メートル以上投げ上げたという記録が載っている。

# アロールート／クズウコン
Arrowroot(*Maranta arundinacea*)

アロールートは 19 世紀に人気の高まったスパイスで、7000 年前から栽培されていたとされる。アロールートという名前は、カリブ海地域の人々が毒矢による傷の解毒剤としてこの亜熱帯性植物を使ったことによる。「育てやすい植物（obedience plant）」という別名もある。毛の生えたとがった葉と、房になって咲くクリーム色の花をもち、根はでんぷんを多く含む。でんぷん粉末をとったあとの根はカラカラになる。このでんぷんは消化しやすいので、離乳食や病人の栄養補給に使われる。カリブ海のセント・ヴィンセント島の 1900-1965 年の主な輸出品で、輸出収入の 50％を占め、島の経済に大いに貢献した。

特徴と使い方

原産地と分布	味や香り	料理に使うには
●原産地：西インド諸島（セント・ヴィンセント島、ジャマイカ、バミューダ諸島）、ガイアナ ・北米（とくにジョージア州） ・ブラジル西部および、おそらく中米 ●分布：インド中部、ベンガル、東南アジア、オーストラリア、アフリカの南部と西部、フィリピン、モーリシャス諸島	サヤインゲンに似たにおい。	●コーンスターチのようにとろみづけに。 ●ジュース、シロップに。 ●辛いソース、透明の甘酸っぱい（フルーツなどの）ソースに。 ●風味づけに（砂糖とナツメグとともに） ●ビスケットやケーキに。 ●ミルクと混ぜて。 ●プディング、ブランマンジェ、ゼリーに。 ●根は砂糖漬けに。 ●ビーフコンソメに。 ●韓国、ベトナムでは麺料理に使う。

栄養士からのアドバイス

グルテンフリーのパンの材料になる。赤血球をつくり酸素が体内に効率よく運ばれるようにする鉄分と銅が多く含まれている。この便利なスパイスには代謝を上げるビタミンB群（胎児の神経管欠損予防に必要な栄養素、葉酸を含む）も含まれる。

伝統的な利用法と効能

回復期の病人に、腸の不調に、壊疽、傷、サソリや毒グモに咬まれた傷、サバンナの木がもつような植物性の毒に。

🌱 食の豆知識

★自家製アイスクリームに氷の結晶ができるのを防ぐ。
★加熱するとでんぷんがゼリー化する。
★アロールートのでんぷんは粉末状で消化しやすい。
★ミャンマーではアロールートの塊茎をゆでて(または蒸して)塩とオイルをかけて食べる。

⭐ その他の用途

★でんぷんはタルカムパウダーの代用品になる。
★紙をつくるのに使える。

こぼれ話

アロールートの加工に従事した西インド諸島の奴隷は、自由の身になると自分で栽培を始めた。◆南北戦争が始まった頃、アメリカ初の女性誌『ゴウディーズ・レディース・ブック』は、アロールートの料理法を掲載していた。

ターメリック／ウコン Turmeric (*Curcuma longa*)

アジアで何千年も前から使われてきたターメリックは、ショウガ科の植物の根茎で、温暖湿潤気候の地域の森で育つ。根茎はいくつにも枝分かれした形状で、黄色からオレンジ色で香りが強く、収穫後は生で使ったり、ゆでて乾燥させたものを挽いて使ったりする。その濃いオレンジ色のパウダーは、インド料理やカレーに温かい色彩をそえる。薬としての歴史は古く、約4000年前のインドのベーダ文化の時代にさかのぼる。当時から宗教行事の料理のスパイスとして使われていた（現在も同様）。1280年にはマルコ・ポーロがこのスパイスについて、サフランとの類似点について書き残している。

特徴と使い方

原産地と分布
- 原産国：インド東南部
- 分布：中国を含む南アジア、インドネシア、ネパール、フィリピン、台湾、ジャマイカ、ハイチ、西アフリカ

味や香り
- かすかな苦みがあり、土のにおいがする。
- 温かみがあり、刺激がある。
- マスタードに似た香り。

料理に使うには
- 南アジアや中東の料理、野菜と肉の料理
- カレー
- デザートとピクルス
- イラン料理とタイ料理
- ベトナムの炒め物やスープ
- 鮮やかな色が食品の色づけに使われる（マスタード、炊いたコメ、飲料、ケーキ、ビスケット、アイスクリーム、ヨーグルト、オレンジジュース、ポップコーン、シリアル、ソース、チーズ、バター、マーガリン、サラダのドレッシング、チキンスープ）。

⚠ **警告** 妊娠中は使用を控えること。胆嚢の疾患を悪化させる可能性があり、また血液凝固を遅らせる可能性がある。

栄養士からのアドバイス

ターメリックは安全で高い抗炎症作用があり、食物に美しい黄色い色をつけるほか、腸炎やリウマチ性関節炎などの疾病の予防にも役立つ。また、がん細胞の成長や転移を抑える効果が示されており、頻繁に摂取したいスパイスである。

伝統的な利用法と効能

シッダ医学（インドの伝統医学）・漢方医学の薬として、胃と肝臓の不調、黄疸、腹痛、ガスだまり、疝痛、膨満感、傷ややけどを洗浄し癒す、過敏性大腸症候群、胆石、血尿、月経痛、出血傾向、歯痛、歯を白くする、痛み、捻挫、打ち身、関節痛、関節炎、湿疹、アレルギー、掻き傷、水痘、帯状疱疹、乾癬、にきび、風邪、のどの痛み、鼻水、咳、副鼻腔炎、ふけ、外耳炎、心臓病予防、食欲不振、ウイルス・病原菌・細菌を防ぐ。◆ターメリックに含まれる活性物質には炎症、腫瘍、酸化、カビを防ぐ作用があるとみられ、糖尿病、高コレステロール血症、アルツハイマー病、小児白血病、メラノーマ、乳がん、大腸がん、前立腺がん、肺がんの治療に役立つ可能性があるといわれている。

食の豆知識

★すぐに使わないときは、根茎をゆでてからオーブンで焼いて乾燥させる。
★葉は料理の包み焼きに使われる（インドのゴア州には米粉とココナッツシュガーをターメリックの葉で包んで蒸す料理がある）。

その他の用途

★オレンジ色の色素は、布の染料、一時的なタトゥー、イースターの卵、子ども用粘土に使われる。
★ターメリックを使って、酸性・アルカリ性を検査するリトマス試験紙がつくられる。
★インドの収穫の祭りでは、太陽神にターメリックを捧げる。
★インドの結婚式では、ターメリックの根茎を首や腕に飾りとしてつけることがある。

こぼれ話

中世ヨーロッパでは高価なサフランの代わりとして使われ、「インドのサフラン」と呼ばれた。◆「ターメリック」の名は、イラン語の「サフラン」からきている。◆ヒンドゥー教の僧衣はターメリックで黄色く染められる。◆日焼け止め、フェイスクリーム、石鹸、ボディスクラブとして使われる。◆インドの女性はターメリックのペーストをムダ毛処理に使うことがある。◆インドのある地域では、結婚式の前に新郎新婦がペーストを肌に塗る習慣がある。◆バングラデシュとパキスタンでは肌のつや出しと滅菌のためにターメリックのペーストを塗る。◆鮮やかな黄色・オレンジ色から、太陽と関連づけられる。◆ターメリックのお茶を飲むと寿命が延びるといわれる。◆『アーユルヴェーダ概論』（紀元前250年）にターメリックの軟膏には解毒作用があると書かれている。

リコリス／スペインカンゾウ
Liquorice (*Glychrrhiza glabra*)

背丈が高く、紫色や白色の花と栗色のさやをもつ植物で、長い主根は豊かな味で3000年以上前から重用されてきた。エジプトのツタンカーメン王、古代の中国人、ギリシャ人、アレクサンダー大王、古代ローマ皇帝カエサル、ネイティブアメリカンが好んで使った。古代ローマの兵士はヨーロッパ全土に遠征しながらリコリスを広めた。その後、ドミニコ会の修道士によりイギリスにもたらされ、ヨークシャーのポンテフラクト修道院で「ポンテフラクトケーキ」という丸く平たいリコリスのキャンディがつくられるようになった。ポンテフラクトの町では今でも毎年リコリス祭が開かれ、選ばれたリコリス・クイーンが、リコリスでできた衣装とジュエリーと冠を身につけて、リコリス入りチーズを食べる。

特徴と使い方

原産地と分布
- 原産地：アジア、アフリカ
- 分布：
  - 南ヨーロッパ、北米、オーストラリア、インド、イラン、アフガニスタン、中国、パキスタン、イラク、アゼルバイジャン、ウズベキスタン、トルクメニスタン、トルコ
  - 最大の生産国はスペイン

味や香り
- 成分のグリチルリチンは砂糖の40倍の甘さをもち、即効性はないが長続きする味。
- 刺激、苦みもある。

料理に使うには
- キャンディ、ソフトドリンク、お茶、醸造、食前酒、リキュールに。
- 液状、粉末状、皮の状態でも販売される。

栄養士からのアドバイス

消化器の不調に効くことで知られる。甘くおいしいリコリスは、のどの痛みにもよく効く。リコリスは心臓疾患と糖尿病の患者には危険なので、使用前に医師に相談すること。

伝統的な利用法と効能

血圧を上げる、若返り（脳の老化防止）、呼吸器疾患、空咳、ぜんそく、風邪、インフルエンザ、のどの痛み、肺気腫、味と香りづけ、薬を飲みやすい味にする、皮膚炎、虫歯、歯肉炎、慢性疲労、うつ、ストレス、水虫、真菌感染、乾癬、壊疽、潰瘍、膣カンジダ炎、体臭、痛風、関節炎、胸やけ、肝臓疾患、前立腺肥大、更年期障害、HIV、ライム病、結核、帯状疱疹、腱炎に。抗ウイルス作用、抗菌作用、抗炎症作用、抗腫瘍作用。◆リコリスの根は現代の中国でがんの治療に使われて

いる。

🌱 食の豆知識

★ リコリスのキャンディには、アニスシード、ミント、メントール、ローリエなどがミックスされていることが多い。
★ イタリア人に好まれている。
★ イタリアのカラブリア地方ではリキュールに、シリアでは飲料に入れて楽しまれている。
★ 北欧には「サルミアッキ」（下図参照）と呼ばれる塩辛いリコリスの菓子がある。

⭐ その他の用途

★ 薄毛・ふけの予防に。
★ タバコの風味づけに。
★ 口臭予防のガムの代わりに。
★ ビール醸造において色と風味づけに使われる。根に含まれる酵素はビールの泡を安定させる。

❓ こぼれ話

1930年代にはリコリスの根はアメリカの10セントショップで売られていた。◆映画「チャップリンの失恋」でチャップリンが靴を食べるシーンでは、リコリスでつくった靴が使われた。◆第二次世界大戦中、イギリスと日本の兵士はジャングルでのどの渇きを癒すためにリコリスを与えられた。◆ハンニバルはゾウにリコリスを与え、アルプス越えのエネルギー源にした。◆エジプトの王たちは「エルケソス」という［リコリスを原料にした］強壮剤を使っていた。◆リコリスが「スパニッシュ」と呼ばれることがあるのは、イングランド北部のリーボウ修道院で、スペイン人の修道士がリコリスを栽培していたためである。

108　根・球根・根茎をつかったスパイス

アイリスの根／オリスルート
Orris root(*Iris germanica, Iris pallida*)

生き生きとした虹色のエレガントな花をもち、岩場、牧草地、湖や川のそばに生息する。ギリシャの失恋と悲しみの女神イリスは、虹を橋がわりにして天国から地上へメッセージを持ってくるといわれる。女神イリスは若い娘を天国へ導くので、恋人を失ったギリシャの男たちは墓にアイリスを植えた。紀元前2100年頃のクレタ島ミノス王の宮殿のフレスコ画など、アイリスの絵が古くから遺跡に描かれて残っている。3枚の花びらは、信心、知恵、勇気を表しており、古代エジプト人は王の笏やスフィンクスにアイリスを飾った。中世ヨーロッパでは、アイリスの根はアニスとともにリネンの香りづけに使われ、その後も長く、香水にバイオレットのような繊細な香りをつける素材として使われた。

特徴と使い方		
原産地と分布	味や香り	料理に使うには
●原産地：イタリアなどヨーロッパ南部 ●分布： ・モロッコ ・イタリアのフィレンツェは現在もアイリスの根の生産と香水製造の中心地である。	ラズベリーやバイオレットに似たウッディな味。	●ジンとブランデーに独特の風味をつける。 ●ラズベリー風味のシロップや香料に。 ●ロシアのハチミツとジンジャーでつくる飲料の風味づけに。 ●中東と北アフリカの「ラセラヌー」（ハーブとスパイスのブレンド。とくにモロッコで人気がある）に使われるスパイスのひとつ。

栄養士からのアドバイス

抗炎症作用のあるスパイスで、呼吸器の感染症における粘膜の炎症や、慢性疾患による炎症を防ぐ効果が期待される。オリスルートの生の汁は胃にきついので、粉末状にして使うのが好ましい。使用の前に必ず医師に相談すること。

伝統的な利用法と効能

肺、咳、声がれ、肝臓・膵臓・腎臓の不調、甲状腺腫、梅毒、胃痛、下痢、慢性的な黄疸、乾癬、湿疹、潰瘍、皮膚感染症、偏頭痛、悪心・嘔吐、つわり、耳の痛み、口臭、そばかす。◆生の根の汁とワインを混ぜたものは浮腫に効く。◆傷や潰瘍の軟膏になる。

⭐ その他の用途

★歯みがきや口中清涼剤に。
★嗅ぎタバコとして。
★香水の定着剤に。
★ロザリオや乳児のおしゃぶりに。
★古代ローマでは白亜とアイリスの根が化粧品のファンデーションとして使われた。
★根の粉末はリネン、におい玉（芳香剤）、スパイス入りリース、ポプリの香りづけに使われる。

❓ こぼれ話

アイリスの根の粉末が衣服やシーツについて茶色くなると、愛が報われるという。◆イギリスのエリザベス女王1世のガウンにはアイリスの花の刺繍が施されていた。

オタネニンジン／高麗人参／アメリカニンジン
Ginseng (*Panax ginseng* ／ *P. quinquefolius*)

約5000年前のインドのヒンドゥー教の聖典には、オタネニンジンは雄牛、馬、ラバ、ヤギ、ヒツジを強健にし、人間には火をふく力を与えると記されている。中国では何千年も前から活力を与えると信じられ、使われてきた。性的能力を高めるとされるのは、枝分かれした根の形状が男性の脚に似ていることからかもしれない。清時代の中国ではオタネニンジンの根は金より高い値がつき、現在も高価なスパイスである。手指のように広がる5枚の葉も、根ほど高値ではないものの利用されている。栽培が難しく、収穫まで6年以上かかることもあり、「魔法のハーブ」「聖なる根」「五本の指」「赤い実」「命の根」「王さまのハーブ」とも呼ばれる。ネイティブアメリカンもこの植物の力を知っていた。

特徴と使い方

原産地と分布	味や香り	料理に使うには
●原産地：中国東北部の山地、北米 ●分布： ・朝鮮半島（歴史的に最大の生産国。最大の消費国は中国） ・東アジア、中国北東部、ブータン、シベリア地域東部、ベトナム、アメリカ東部〜中部	芳香がある。	●根の色はもとは白っぽく、蒸して乾燥させることで赤く硬くなる。 ●アメリカでは加熱せずに乾燥させた白いものが使われていた。 ●ハーブティー、ニンジンコーヒー、強壮剤として。

栄養士からのアドバイス

免疫力を高めることで知られるほか、抗酸化作用、抗炎症作用があり、慢性疾患に悩む人にすばらしい効果が期待できる。ただし、使用前に医師の許可を得ること。疲労回復、ストレス解消、アンチエイジングによく使われる。抗がん作用があることも示されている。

伝統的な利用法と効能

媚薬、催淫剤、ストレス緩和、疲労回復、アンチエイジング、病気予防、筋肉弛緩、2型糖尿病、心身の疲れ、肺疾患、腫瘍、発熱、頭痛。◆北米では昔から聖なる薬草とされ、目の痛みに、傷の湿布剤として、また頭痛や激しい咳の治療に使われていた。

⭐ その他の用途

ヘアトニック、化粧品

❓ こぼれ話

学名の *Panax* はギリシャ語で「すべてを癒す」という意味で、ギリシャ神話の治療の女神パナケイアの名に由来する。◆赤くなった根は白いものより刺激がある。◆野生のオタネニンジンは希少で、絶滅の危機に近づいている。◆紀元前221年、中国の皇帝は3000の歩兵に野生のオタネニンジンを採りにいかせ、手ぶらで帰った者の首をはねた。◆朝鮮半島では、月下で輝くオタネニンジンの葉を見つけられるのは清らかで純粋な者だけだとされ、採集にいく前に1週間かけて身を浄めた。◆ヒョウやトラもオタネニンジンの根をエサにしており、採集に行くのは命がけだった。◆中国の「白鳥」という、棒だけで武装した窃盗団は、オタネニンジンの採集者を襲い、収穫をうばったり、痛めつけて生息地を聞き出したりした。いったん襲った相手には目印として赤い旗を持たせた。◆オタネニンジンの根に宿る精が、邪悪な者を森の奥へ導き迷わせたという伝説がある。

根・球根・根茎をつかったスパイス

ジンジャー／ショウガ Ginger（*Zingiber officinale*）

ジンジャーは根が地下で広がり、春になると地上に茎が伸びて波形模様の花穂がつき、そこから白やピンク色の花芽が育って白か黄色の花が咲く。聖地パレスチナから戻った十字軍や巡礼者がジンジャーをヨーロッパに伝えると、すぐにスパイス貿易の重要な商品になった。ジャマイカンジンジャーは、アメリカ大陸で栽培されてヨーロッパへ輸入されるようになった最初のスパイスである。16世紀にはフランシスコ・デ・メンドーサが東インド諸島からスペインへ持ち帰って栽培し始めた。童話『ヘンゼルとグレーテル』にちなんだジンジャーブレッドの家は、19世紀に広まった。シェイクスピアの喜劇『恋の骨折り損』の中には、「わたしにたった1ペニーでもあったなら、ジンジャーブレッドを買ってあげるのに」という台詞がある。

特徴と使い方

原産地と分布	味や香り	料理に使うには
●原産地：中国南部 ●分布： ・中国北部、インドネシア（モルッカ諸島）、インド、ネパール、タイ、カリブ海地域、ナイジェリアなど西アフリカ ・主な生産国はインドとジャマイカ	辛みと香りがあり、刺激が強い。	●野菜とともにグレイビーソース、スープに。 ●コーヒー、紅茶の風味づけに。ハチミツなどを入れてショウガ湯に。 ●ジンジャーワイン（1740年から販売されている）。ジンジャービール、ジンジャーエール、リキュールに。 ●肉、魚介類、豆腐、麺などのアジア料理の味つけに。 ●ジンジャーブレッド、ケーキ、クッキー、ビスケット、キャンディ、クラッカー、砂糖漬けに。

栄養士からのアドバイス

消化器系によいスパイスで、悪心・嘔吐、胃の不調を予防するために使うとよい。抗炎症物質であるジンゲロールは、関節炎の症状を緩和するほか、がん予防に役立つことが示されている。

伝統的な利用法と効能

腫瘍の増殖を防ぐ、悪心・嘔吐、乗り物酔い、つわり、胃炎、下痢、便秘、疝痛、風邪、インフルエンザ予防、咳、のどの痛み、関節炎、筋肉・関節の痛み、リウマチ、頭痛、疲労、腹痛に。発汗により老廃物を出す

食の豆知識

- ★ タマネギ、ガーリックとともに肉料理を引き立てる。
- ★ みじん切りにしてナッツやシードとともにサラダに。
- ★ ジンジャーとガーリックのペーストはまろやかさと刺激を与える。
- ★ 新鮮な葉を細かく刻んで小エビのスープに。
- ★ ジンジャーの根をシロップで煮ると保存食になる。
- ★ ライム、レモンとよく合う。
- ★ イギリス軍がギリシャにもたらしたジンジャービールは、コルフ島で「チチビラ」の名で愛されている。
- ★ ウイスキーとジンジャーワインで「ウイスキーマック」というカクテルがつくられる。

その他の用途

- ★ 薬の味をまぎらすために使われる。
- ★ 漢方では「姜」と呼ばれ、体温を上げ、活力を与えるとされる。

こぼれ話

ジンジャーの名前はサンスクリット語の「角の根」に由来し、ジンジャーのごつごつした形からきている。◆古代ギリシャで消化不良を治すためにジンジャーをパンで包んで食べたことから、「ジンジャーブレッド」ができた。◆中国の船乗りは船酔いを治すためにジンジャーの根をかじった。◆992年にアルメニアの修道士グレゴリー・ニコポリスは甘い現代風のジンジャーブレッドをつくり、フランスの聖職者たちにつくり方を教えた。◆中世ヨーロッパでは女性たちがお気に入りの騎士にジンジャーブレッドケーキを贈った。◆イギリスのエリザベス1世はジンジャーブレッドマンをつくり、他国の外交官たちにふるまった。◆19世紀、ジンジャーワインはコレラの予防になると考えられていた。◆ジンジャーは電子タバコに使われている。◆19世紀のヨーロッパでは、裕福な人たちはジンジャーを塩のように大量に使った。

 警告 妊娠中はジンジャーの摂取を避けるべきだという説がある。

その他の部位をつかったスパイス

アンゼリカ／セイヨウトウキ
Angelica（*Angelica archangelica/Archangelica officinalis*）

寒冷地を好む植物で、北極圏近くでも生息し、荒れた湿地、牧草地、山岳地、海や川のそばに多く見られる。「ノルウェーのアンゼリカ」「聖なる幽霊」「大天使」の別名がある。背丈は3メートルにまで達し、白色や薄い緑色の放射状に広がる球状の香りのよい花は、ミツバチや蛾など多くの虫を引きつけ受粉する。アンゼリカ（angelica）という名の由来は、この植物が14世紀の医師マテウス・シルバティクスに大天使によって知らされたからという説や、疫病を癒す天使のような薬草だといわれたから、大天使ミカエルの祭日に咲くから、などの説がある。多くの縦筋が入った茎は古代ギリシャ建築のドリス様式の柱のヒントになったといわれる。

特徴と使い方

原産地と分布	味や香り	料理に使うには
●原産地：北欧かシリアかアフリカが原産と考えられる。 ●分布： ・北半球のアイスランド、ラップランドまで。 ・ロシア北部、リトアニア、ノルウェー、東南アジア	芳香があり、根も香りがよい。	●茎の砂糖漬けはケーキの飾りつけに。 ●根と種子はジンの風味づけに。 ●ベルモット、シャルトリューズなどのリキュールに。 ●海沿いで採れるアンゼリカはワイルドセロリのように食べられる。 ●葉は乾燥させてホップビターズに使われる。 ●新鮮な葉は蒸した魚の風味づけに。

栄養士からのアドバイス

消化器系の不調や関節炎の症状をやわらげることがわかっている。伝統的に早漏や性欲低下など性の問題に使われてきた。粘膜の炎症をともなう呼吸器の感染症に効くと考えられる。子宮収縮を促す可能性があるため妊娠中は使用しないこと。

伝統的な利用法と効能

ペストの予防、風邪と呼吸器疾患、慢性気管支炎、肺疾患、傷を癒す、血液の浄化（解熱、解毒、マラリア熱などあらゆる感染症）、ガスだまり、リウマチ、痛風、犬に咬まれた傷、毒針の傷

🌿 食の豆知識

★根、種子、葉のすべてが食用になる。
★アイスランドでは、茎と根にバターをつけて生で食べる。
★フィンランドでは、若い茎を灰の中で焼いて食べる。
★ノルウェーではアンゼリカの根でパンをつくる。

⭐ その他の用途

★アンゼリカを入れた風呂は呪いを解き、浄化の呪文をかける。
★ハサミムシを採るしかけができる。
★カナダの複数の先住民族がアンゼリカを儀式に使っている。

❓ こぼれ話

アンゼリカは、ロンドンのリンカーンズ・イン・フィールド広場やロンドン塔のそばでも多く見られる。◆ラップランドでは、根は食材として、茎は薬や楽器の素材として使われている。

ワームウッド／ニガヨモギ
Wormwood (*Artemisia absinthium*)

ワームウッドは苦みの強いハーブで、陰った荒れ地、乾燥した平地、岩の多い斜面、ステップ、歩道や畑の隅などに見られる。全草がスパイスとして使われ、葉は芳香をもつ。まっすぐに伸びる茎は銀緑色で、灰色がかった緑色の葉は油分を出す小さな腺をもつ。花は薄い黄色で筒状である。学名はギリシャ神話の狩りの女神アルテミスに由来する。エドガー・アラン・ポーとヴィンセント・ファン・ゴッホを死に追いやったといわれる魔の酒アブサンには、アニスのほかにワームウッドが多く含まれている。

特徴と使い方

原産地と分布	味や香り	料理に使うには
●原産地：アジアとヨーロッパ ●分布：北米、ユーラシア大陸、アフリカ北部	強い苦みと刺激がある。	●スピリッツ、ワイン、ビターズ、アブサンやペリンコヴァチなどのリキュールの風味づけに。 ●ホップの代わりにビールに使われることもある。

栄養士からのアドバイス

ワームウッドがクローン病の症状を軽減する可能性があることが複数の研究結果に示されている。伝統的に消化器のさまざまな不調の緩和に使われ、現在でも食欲を刺激するために使われている。化学物質のツジョンを含むワームウッドは毒性があり、きわめて不快な症状を引き起こすおそれがあるので、使用には重々注意のこと。

伝統的な利用法と効能

黄疸、浮腫、マラリア熱、発熱、寄生虫、硬化症、皮膚のかゆみ、不安、憂うつ、落ちこみ、うつ、神経過敏、貧血、肝臓疾患（肝臓がんを含む）、陣痛、虚弱、ふるえ、胸やけ、消化不良、食欲不振、ガスだまり、胃の不調、偏頭痛、痛風、リウマチ、白血病、傷、抗菌作用のある軟膏

 アメリカ食品医薬品局はワームウッドを危険な植物に分類している。大量に摂取すると腎不全やけいれんを引き起こす可能性がある。

🍃 食の豆知識

- ★ 葉と花の先端が使われる。
- ★ 中世ヨーロッパではハチミツ酒の風味づけに使われた。
- ★ ベルモットの味つけに使われる。

⭐ その他の用途

- ★ 虫除け、殺虫剤として。
- ★ ワームウッド精油は人、犬、猫の条虫、線虫、回虫を退治する。
- ★ 「アブサン」「南の森」「聖ヨハネの飾り帯」「聖なる種」「老人」「老女」「緑のジンジャー」などの別名がある。

❓ こぼれ話

「ワームウッドのように苦い」という古いことわざがある。◆虫除けのために衣類や毛皮の中に入れる習慣があった。◆エドガー・ドガの絵画にアブサンが強い酒であることが描かれている。◆聖書ではワームウッドは不正、不運、呪いの象徴である。

その他の部位をつかったスパイス

ケッパー Caper (*Capparis spinosa*)

厚みのある丸い葉と薄ピンク色の花をもち、長期間かけて強い日差しの中で育つ。濃いオリーブグリーンのつぼみは、酢漬けにして料理の風味づけに使う。実はケッパーベリーと呼ばれ、つぼみと同様に酢漬けにして食べる。葉もサラダに入れて食用にできる。ケッパーの生息地は、ヒマラヤ山脈の岩場、パキスタンの砂地、アドリア海の断崖、エジプト、リビア、チュニジアの海沿いの乾燥した地域、中東の紅海沿岸の砂漠と塩沢の間の地域、ヨルダンの岩場、イスラエルの砂岩の断崖、オーストラリアの海沿いの砂地など。古代ローマの廃墟の壁のひび割れにもしがみつくようにして生えている。

特徴と使い方		
原産地と分布	味や香り	料理に使うには
●原産地：西アジア、中央アジア、西南アジアと熱帯地域 ●分布：地中海地域、東アフリカ、モロッコ、イベリア半島、トルコ、イタリアの島々、マダガスカル島、ヒマラヤ山脈、太平洋の島々、オーストラリア	●スパイシー、少し酸味と刺激がある。 ●つぼみから採れるマスタードオイルは強い味をもつ。	●タルタルソースやギリシャ料理のメゼ（アペタイザー）に。 ●サラダ、パスタ、肉料理、ソース、鶏肉、魚のパスタ、スープの風味づけと飾りつけに。 ●スモークサーモンとクリームチーズに添える。 ●ケッパーベリーはピクルスに。 ●葉はサラダに。 ●若い枝は加熱してアスパラガスのように食べる。

栄養士からのアドバイス

視力を高めるビタミンA、骨をつくるビタミンKとカルシウムが豊富に含まれている。小さなつぼみには代謝をよくするビタミンB群のほか、赤血球をつくり酸素が効率よく体内に運ばれるようにする銅と鉄分も含まれている。病気の予防に役立つ抗酸化物質ケルセチンもしっかり摂ることができる。

伝統的な利用法と効能

ガスだまり、下痢、痛風、リウマチ、関節痛、ウイルス性肝炎、肝硬変、肌の調子を整える、打撲、咳、目の感染症、白内障、腹痛、膣カンジダ症、がん予防、抗炎症作用、抗ウイルス作用、抗酸化作用。◆ケッパーの根と若い枝のハーブティーはリウマチを緩和する。◆芽と根と葉と種子は炎症を抑える。

🍃 食の豆知識

★イタリア南部、シチリア島、キプロス、マルタ島などで地中海料理に使われる。
★ケッパーとケッパーベリーはカクテルのマティーニの飾りつけに使われる。
★スペインのミノルカ島ではケッパーベリーのピクルスがおやつとして人気である。
★乾燥させたケッパーの葉は、チーズづくりで使うレンネット（牛乳の凝固剤となる子牛の胃の膜）の代わりになる。

⭐ その他の用途

吹き出物、しわ、毛細血管の赤みを隠すのに使われる。

❓ こぼれ話

ナスタチウムの未熟な種子はケッパーの代用品になる。◆聖書の時代にはケッパーベリーは媚薬になるとされていた。

サフラン Saffron (*Crocus sativus*)

サフランは秋に1株に最大4個まで、ハチミツのような甘い香りの薄紫色の花をつける。各花に3本ずつ美しい深紅色の雌しべがついていて、これが料理の味つけや食材の色つけに使われる。サフランの色素は食品や布を鮮やかな金色に染めてくれる。現在サフランは世界で最も高価なスパイスだが、青銅器時代のクレタ文明の末期にはすでに知られており、紀元前7世紀のアッシリア人による植物事典によると3000年以上前から取引されている。サフランの雌しべは昔から、香りを逃がさないために開花より先に、夜明け前に摘むことになっている。地方によっては若い乙女のみがサフランを摘むことになっていたという。繊細な雌しべを一本一本手で摘む根気のいる作業なので、現在では年配の女性が摘むケースが多い。サフランは昔の魔法の薬の主な材料で、サフランの雌しべをシーツに散らして香りづけしたり、煎じてお茶にし男性に恋心を芽生えさせたり、憂うつな気分を晴らしたりした。中世ヨーロッパでは、サフランに安価な混ぜ物を入れた者は火あぶりにされかねなかったという。

特徴と使い方

原産地と分布	味や香り	料理に使うには
●原産地：西南アジアとギリシャ（クレタ島） ●分布： ・スペイン、北アフリカ、北米、オセアニア ・世界の生産量の90％をイランが占めている。	●かすかな甘さ、苦さ、ハチミツのような風味が混じり合っている。 ●草原や干し草、海藻のような香り。	●リゾット、パエリア、魚介類、スープ。 ●フランスのブイヤベースに。 ●カシミール地方の子羊肉の料理に。 ●アラビアコーヒーにサフランとカルダモンを入れることがある。

栄養士からのアドバイス

サフランには、血糖値を調整しカルシウムの吸収を助けるマンガンが非常に高いレベルで含まれている。優れたビタミンC供給源であるほか、血液や免疫系を強化する鉄分も含まれている。病気に対応する抗酸化物質にも恵まれ、この貴重なスパイスはすばらしい健康効果をもっている。

伝統的な利用法と効能

抗菌作用、抗ウイルス作用、腹痛、ガスだまり、胸やけ、月経痛、早漏、がん、アルツハイマー病、咳、ぜんそく、気管支炎、痰、薄

毛、乾燥肌、うつ、ショック、不眠、はしか
(ブランデーを入れたサフラン茶)

食の豆知識

★リキュールやウォッカやジンやワインの香りづけに使われることがある。
★味と色をしっかり出すにはサフランを湯かミルクかスープに20分間浸す。

その他の用途

★昔は化粧品として使われていた。
★布や革製品を黄色く染める染料になる。
★香水の素材として使われる。
★二日酔いの薬になるため、古代ローマ人は枕にサフランを詰めていたという。

こぼれ話

4000年近く前から、サフランは少なくとも90種類以上の病気の治療に使われてきた。

◆1ポンドのサフランを採るためには7万5000輪の花が必要。◆アレクサンダー大王はペルシャのサフランを使ってコメを炊き、バスタブに入れて戦いの傷を癒した。◆サフラン専門の味の鑑定士がいる。◆サフランのバスにつかった後の肌のにおいは恋人の欲望をかきたてるという。◆サフランの名前は、黄色を意味するアラビア語に由来する。◆古代インドにはサフランで衣服を黄金色に染める伝統があり、仏教の僧侶は黄色い衣をまとうようになったが、たいてい安価なターメリックかジャックフルーツで染めた。◆古代ギリシャの高級娼婦やエジプト女王のクレオパトラはサフランの香水や化粧品を愛用した。◆サフランは14世紀にヨーロッパでペストが流行したときに、特効薬と信じられて需要が高まった。当時ベネチアやジェノバ経由で大量のサフランを輸入していたが、船一隻分のサフランが強奪されたことからサフラン戦争が起きた。

レモングラス Lemongrass (*Cymbopogon citratus*)

サトウキビ属のレモングラスは、美しい噴水のように広がる草が特徴で、「絹の頭」「鉄条網の草」「シトロネラ草」「熱の草」「スイート・ラッシュ（すぐにリラックスすることから）」など多くの別名がある。レモングラスから採れるシトロネラ精油は石鹸、キャンドル、虫除け剤（とくに蚊）に使われる。シトロネラ精油は古代インドではシュロの葉の文書を保存するのに使われた。もろいシュロの葉に油分が加わることで柔軟性が出るほか、湿気や虫食いを防ぐ効果もあった。

特徴と使い方

原産地と分布	味や香り	料理に使うには
●原産地：ネパール、スリランカ、南インド、インドネシア ●分布：インドと東南アジア、オセアニア、アメリカ（とくにカリフォルニア州とフロリダ州）、温帯、熱帯の地域	繊細で甘味があり、レモンとジンジャーのような香りがする。	●タイ、ベトナム、インドシナ地域の料理には欠かせない。 ●ハーブティー、麺のスープ、煮こみ料理、カレーに。 ●鶏肉、魚、牛肉、魚介類によく合う。 ●ムール貝やハマグリなど貝類の蒸し料理に。 ●牛肉・豚肉の蒸し料理にココナッツミルクとともに加えて。 ●軽くもんで蒸した茎をスピリッツやカクテルに。

栄養士からのアドバイス

さわやかな香りのレモングラスは強い抗菌作用と抗真菌作用がある。代謝を助けるビタミンＢ群のよい供給源であり、視力や免疫力を助けるビタミンＣとビタミンＡも含んでいる。

伝統的な利用法と効能

コレステロールと脂肪のコントロール、減量、セルライト防止、緊張・不安・不眠の解消、にきび、しみ、抗菌作用、抗真菌作用、吐き気、月経不順、咳、風邪、鼻づまり、肺炎、マラリア熱、リラックスのためのお茶、マッサージオイル、アロマテラピーに。◆解毒作用があり、腎臓・肝臓・脾臓・膀胱に刺激を与える。

食の豆知識

★生でもドライでも粉末状でも使える。
★レモネードやシャーベットに添える。
★アフリカや南米の国々でお茶にして飲まれている。

★肉のくさみ消しになる。

⭐ その他の用途

★香水、消毒剤、石鹸、ヘアケア用品に。
★防虫剤や保存料として。
★蚊、ノミ、コナジラミなどの虫除けになる。

❓ こぼれ話

レモングラス精油の香りはミツバチの出すフェロモンと似ているため、ミツバチの群れを引き寄せるときや、巣の中のミツバチを誘いだすときに使える。◆虫除け効果があり、野菜（トマトやブロッコリなど）が虫に食われるのを防ぐ。

アサフェティダ／アギ Asafoetide (*Ferula assa-foetida*)

背丈が2メートルにもなるニンジンに似た植物で、山岳地や砂漠に生息し、「神の食べもの」「くさいガム」「ジャイアント・フェンネル」「悪魔の糞」などの別名がある。黄緑色の花の後に、ミルク色の汁の出る卵形の平たい実がなる。茎と、棘のような繊維に覆われた太くやわらかい根は、強烈なにおいがする。薄い灰色の樹脂は、乾燥させるとこげ茶色の塊(かたまり)になり、これを粉にしたものがスパイスとして使われる。アサフェティダはウスターソースの秘密の素材のひとつだという説もある。アレクサンダー大王が遠征先のペルシャからヨーロッパに持ち帰ったが、ローマ帝国が滅亡してから16世紀まではほとんど使われていなかった。

特徴と使い方

原産地と分布	味や香り	料理に使うには
●原産地：イラン東部、アフガニスタン ●分布：インド	●強烈な硫黄臭。 ●刺激、苦み、酸味がある。 ●加熱するとまろやかな味になる（リーク、タマネギ、ガーリックのように）。	●カレー（とくに豆のカレー） ●ピクルス、薬味、チャツネ、パパド（インドのせんべい）、野菜料理に。 ●調味料として。 ●甘さ、酸味、塩味、辛みを調和させる。

栄養士からのアドバイス

抗炎症作用のあるスパイスで、細菌による感染症の予防に役立つ。昔から消化不良に効くとされ、緩下作用があると考えられる。摂りすぎると不快な症状が起こるおそれがあるので、適量を使うこと。

伝統的な利用法と効能

ガスだまり、疝痛、便秘、食欲・味覚増進、消化促進、傷を癒す、インフルエンザ、空咳、ぜんそく、気管支炎、風邪、てんかん発作の予防、アヘンの解毒剤になるといわれる。

食の豆知識

★塊か粉末状で販売される。
★樹脂はアラビアガムと小麦粉とターメリックとともに使われる。
★少し乾燥させたアサフェティダは塩を混ぜてサラダに入れるとよい。
★アフガニスタンでは、キャベツ大に大きくなった花を生のまま食べる。

その他の用途

★ナマズ、カワカマス、蛾、オオカミをおびきよせる餌になるといわれる。
★ジャマイカでは、悪霊が入りこむのを防ぐために赤ちゃんの頭のやわらかい部分（泉門）に塗るという。
★悪魔を遠ざけるとされ、守りの呪文とのろいの呪文の両方に使われた。

こぼれ話

乾燥したアサフェティダの樹脂は硬くてすりおろせないので、昔から石臼で挽くかハンマーなどでたたいて使う。◆アサフェティダの袋を首につるすという罰があるほどくさいスパイスだが、風邪、歯痛、スペイン風邪、天然痘を予防するともいわれた。◆仏教徒のベジタリアンが食べてはいけない野菜がいくつかあるが、これはそのひとつである。◆インドのムガール帝国の歌手は声をよくするためにアサフェティダをバターとともに食べていた。

ローリエ／ベイ／ローレル／月桂樹
Bay leaf／Laurel(*Laurus nobilis*)

ローリエの葉はハーブにも分類されるが、しばしばスパイスとして使われ、他のスパイスとの組み合わせで味わいが増すので、スパイスのリストにも含まれている。かつてはこの香りのよい広葉樹は地中海沿岸のあらゆるところに生息していた。キリスト教の聖書では、つややかな緑色の葉は繁栄の象徴であり、キリストの復活の印だった。古代ギリシャでは、太陽神アポロの名のもとで行われる競技の勝者に、また詩人や学者などのアカデミックな優秀者にローリエの冠が贈られた。古代ローマでも勝利の象徴とされ、戦績をあげた兵士に贈られた。英語では今も、すぐれた業績をあげた人や受賞者のことを"laureate"と呼ぶ。

特徴と使い方

原産地と分布	味や香り	料理に使うには
●地中海沿岸 ●分布：トルコ、シリア、スペイン、ポルトガル、北欧、モロッコ、カナリア諸島、マデイラ諸島、インド、中国、インドシナ、米カリフォルニア州	芳香があり、苦みと刺激がある。	●スープストック、煮こみ料理、蒸し煮、パスタ料理、パテ、ブーケガルニ、魚介類や野菜料理、ソースに。 ●カクテルの「ブラッディマリー」に。

栄養士からのアドバイス

消化系に穏やかな刺激を与えるほか、関節炎など一部の疾患に抗炎症作用をもつ。がん予防になるとされる抗酸化物質を豊富に含んでいる。体内のストレスホルモンを減らす効果があるとされるリナロールを含んでいる。葉が硬く腸を傷つけるおそれがあるので、すりつぶしたもの以外は食べないこと。

伝統的な利用法と効能

腹痛、消化不良、偏頭痛、耳痛、高血圧、インフルエンザ、気管支炎、関節炎、リウマチ、打撲、傷、ネトルやウルシによる皮膚のかぶれ、ハチ刺され、乳がん、皮膚がん

🌿 食の豆知識

★ ローリエは鶏肉、豚肉、牛肉、魚介類の料理によく合う。

★ バーベキューでローリエの枝を燃やすといい香りがする。

⭐ その他の用途

★ ラム酒と合わせてベイラムというコロンをつくる。

★ ローリエの精油は抗菌作用、抗真菌作用があり、かゆみを抑える効果もある。

⚠ 警告

ローリエの葉は硬くて消化管を傷つけることがあるので、食べる前に取り除くこと。食べるときは、すりつぶして。

❓ こぼれ話

研究用の虫を殺すために、虫と一緒に瓶に入れて使われる。◆ギリシャ神話の太陽神アポロは愛するダフネがローリエの木に変えられてしまったことから、ローリエの葉を身につけた（ダフネはギリシャ語で「木」を意味する）。◆イタリアとトルコではリコリスを出荷する際に乾燥させたローリエの葉で包む。◆中国ではコメにゾウムシがつくのを防ぐためにローリエの葉を入れる。◆英語には「過去の栄光に満足して何もしない」という意味の"resting on one's laurels（ローリエの上で休む）"という慣用句がある。◆食料品の店でハエ、ゴキブリ、ネズミを寄せつけないようにローリエの葉を置くことがある。◆米カリフォルニア州のローリエ（*Umbellularia californica*）はローリエ（*Laurus nobilis*）と似ているがより強い味がする。

ペパーミント Peppermint (*Mentha piperita*)

ペパーミントは葉だけでなく花の先端部分も食用に使われるので、ハーブにもスパイスにも数えられる。ウォーターミントとスペアミントの交配種であるペパーミントは、地下で力強く広がり、勢いよく芽を伸ばし、ふちがノコギリ状の葉を茂らせる。白色と紫色の小さな輪状花はミツバチに好まれる。ミントはもてなしの心と友情の象徴で、古代ギリシャやローマでは宴の席で主人が頭にミントの冠をかぶった。後でそのミントでテーブルを浄め、最後はバスタブに入れて清涼感を楽しんだという。ミントの名は冥界の神ハデスに見初められた川の精ミンタに由来する。ハデスの妻は嫉妬深く、人々に踏みつぶされてしまえとミンタを植物に変えてしまった。ところがハデスは、その後も彼女の気配を感じとれるように、その植物に芳香を与えたというロマンティックな伝説がある。また、ペパーミント精油は配管の接続や漏れを確かめるために使われる。

特徴と使い方

原産地と分布	味や香り	料理に使うには
●原産地ヨーロッパ、中東、地中海沿岸地域 ●分布： ・世界各地に広く分布する。 ・世界の生産量の70％をアメリカが占める。	メントールの特徴である、すっとする香り。	●味つけや飾りとして。 ●ソース、ジャガイモ料理、肉料理（子羊肉など）に。 ●カクテル、キャンディ、アイスクリームに。 ●コーディアル、果物のコンポートに。

栄養士からのアドバイス

さわやかなミントは消化不良の改善にぴったりで、過敏性大腸症候群や腹部膨満感におすすめである（胃逆流を悪化させることがある）。植物栄養素が豊富で、腫瘍の増大を防ぐ効果があることが示されているほか、抗菌作用、抗真菌作用もある。マンガン、銅、ビタミンC源としても優秀で、ミントティーにして飲んだり料理に添えたりするとよい。

伝統的な利用法と効能

腹痛、消化不良、胸やけ、便秘、頭痛、神経痛、胸の痛み、風邪、呼吸器の不調、粘膜の炎症、口臭、軽いやけど、皮膚のかゆみ、過敏性大腸症候群、抗菌作用、抗炎症作用、冷

却効果

 食の豆知識

ミントティーはモロッコなど北アフリカで人気がある。

 その他の用途

★歯みがき、シャワージェル、口腔内洗浄、香水に。
★食後のミントは消化を助ける。

 こぼれ話

ミントの香りは集中力と記憶力を高めるという調査結果があり、日本の複数の企業では空調設備からかすかなミントの香りを流し、働く人を刺激して生産性を上げている。◆紀元前1000年のエジプトの墓からミントの痕跡が見つかっている。◆古代ローマの初期にはミントを食べると頭がよくなると信じられていた。◆ミントの香りはかんしゃくを鎮めるといわれた。◆中世ヨーロッパでは室内のにおい消しのために床にミントが撒かれていた。

ローズペタル Rose petal と ローズヒップ Rose hip(*Rosa*)

はるか昔からローズペタル（バラの花びら）は魔法の癒しの力や催淫作用をもつとされ、室内の香りづけや香水として使われてきた。恋愛、情熱、平和の象徴として崇められ、多くの絵にも描かれてきた。紀元前500年頃から中国では庭園で栽培されている。エジプトのクレオパトラは毎日新しいバラをベッドに入れるように命じ、紀元前42年にローマの将軍アントニウスが訪れた際には歓迎のために床全体に60センチの高さまでローズペタルを敷いた。ローマ皇帝ネロは客人にローズのフラワーシャワーを浴びせ、客が窒息しそうになるほどだった。フランスの皇帝ナポレオン・ボナパルトは乾燥させたローズペタルの袋を将軍たちに持たせた。ローズペタルを白ワインで煮て銃弾の傷に塗ると鉛の毒を消せるとされたためである。ローズヒップはベリーに似た実で、鳥が好んで食べる。ふつうは赤、紫、黒色で、5個から160個の種をもつ。ビタミンCが豊富で、あらゆる野菜・果物の中でもっとも含有量が多い。

特徴と使い方

原産地と分布	味や香り	料理に使うには
●原産地：中国（ヨーロッパ、北アフリカ、北西アフリカ） ●分布： ・北半球の各地、熱帯以外のあらゆる地域。 ・*Rosa stella* は砂漠にも生息する。 ・*Rosa acicularis* は極寒の地でも花を咲かせる。	甘くイチゴのような香り。またはスパイシーで刺激のある香り。	●ジャム、ゼリー、マーマレード、ローズヒップのシロップとして。 ●冷却効果のあるローズウォーターやハーブティーに。 ●ローズペタルは、飲み物、カクテル、サラダ、スープ、ケーキ、スコーン、アイスクリーム（インドのクルフィなど）の飾りつけに。 ●ヌガー、バクラヴァ（中東、トルコなどでつくられるペストリー）、グミ、ロクム（砂糖、でんぷん、ナッツでつくるトルコの菓子）、マシュマロ、ローズペタルの砂糖漬け。

栄養士からの アドバイス

ローズペタル、ローズヒップはビタミンCの宝庫で、免疫系と肌の健康に大いに役立つ。緩下作用によって便秘解消に役立つほか、抗炎症作用がありリウマチ性関節炎と骨関節炎の両方に効くことが示されている。

伝統的な利用法 と効能

心臓の不調、血圧、関節炎、口臭や体臭を消す、がんの成長を抑える、高コレステロール血症、胃腸の不調（とくに *Rosa chinensis*）、のどの渇きや胃炎を緩和する、下痢、便秘、胆嚢・膀胱の不調、胆石、糖尿病、泌尿器と腎臓の疾患。◆ローズヒップのシロップは風邪やインフルエンザに効く。

食の豆知識

ダマスクローズの花びらは、インド、中国、中東の料理の風味づけに使われる。

その他の用途

★香水、フェイスパック、スキンケア、化粧品に。
★飾りつけや宗教儀式に使われる。
★香りのいい入浴剤になる。

 警告　ローズヒップのシロップはビタミンAを含むので、妊娠中の女性は事前に医師に相談すること。

こぼれ話

バラはイングランドの国花である。またアメリカの象徴とされる花であり、ニューヨーク州、アイオワ州、ノースダコタ州、ジョージア州の州花でもある。◆19世紀に入ってからもローズペタルは魔力をもつと信じられていた。◆ドイツのヒルデスハイム大聖堂には世界最古といわれる樹齢1000年のつるバラが茂っている。◆バラの花びらの数は4枚から200枚まで、さまざまである。◆ *Rosa sancta*（花びらが5枚の品種）の花びらを、昔キリスト教ではキリストの5つの傷を象徴すると考えていた。◆1グラムの精油を採るには2000輪の花がいる。◆ *Rosa spinosissima* という品種は海辺の砂地で育つ。◆ *Rosa clinophylla* という品種はアジアのブラマプトラ川の氾濫の際に水中で半年間生き延びる。◆現在バラの品種は1000種類以上ある。◆乾燥させた花びらは25年間も香りをもちつづけるという。

クローブ
Clove（*Syzygium aromaticum*/*Eugenia aromatica*）

クローブは常緑樹の一種で、花のつぼみを摘んで乾燥させたものが主に食用スパイスとして使われる。つぼみは白から緑、ピンク色、黄色と変化し、その後に明るい赤色になるので、その時点で摘むのがよい。花はフレッシュな強いにおいをもつが、木全体も香り高く、茎はより刺激的なにおいがする。紀元前1721年のシリアの壺からクローブが発見されており、当時からクローブの取引が行われていたことがわかる。ヨーロッパに伝わったのは4世紀から6世紀の間とされる。イスラム教徒の船乗りやヨーロッパの商人によってクローブの取引が増え、アラビアンナイトに登場する架空の登場人物シンドバッドは、インドのクローブを売買する船乗りだった。17世紀にはオランダの東インド会社がスパイス貿易の大部分を支配し、クローブの取引も独占しようとしたが、モルッカ諸島（スパイス諸島とも呼ばれる）にクローブの木が豊富にあるため独占は不可能だった。

特徴と使い方

原産地と分布	味や香り	料理に使うには
●原産地：モルッカ諸島（インドネシア） ●分布： ・インド、パキスタン、スリランカ、フィリピン南部、マダガスカル、タンザニア、ザンジバル島、東インド諸島、西インド諸島、モーリシャス島、ブラジル ・モルッカ諸島とペンバ島で最高品質のクローブが採れる。	芳香と刺激がある。	●中近東、アジア、アフリカの料理に。 ●肉料理、カレー、フルーツクランブル、マリネに。 ●赤ワインとよく合う。 ●リンゴ、洋ナシ、ルバーブとよく合う。 ●レモンや砂糖などと合わせてホットドリンクに。 ●おすすめの組み合わせ：オールスパイス、バジル、シナモン、柑橘類の果皮、スターアニス、ペッパー、バニラ

栄養士からのアドバイス

クローブは、結合組織をつくり、脂肪と炭水化物の代謝をよくするマンガンを多く含む。また、血液凝固を正常にする働きのあるビタミンK、抗菌作用のある揮発性のオイル、オ

イゲノールも含まれている。この香り高いスパイスは腹部膨満感を緩和する整腸剤になることがわかっている。

伝統的な利用法と効能

インドのアーユルヴェーダ、中国の漢方医学、歯痛（精油に痛み止め効果がある）、消化不良、しゃっくり、気管支疾患、インポテンツと早漏、つわり、吐き気、下痢、多発性硬化症、発熱

食の豆知識

メキシコ料理では、クローブとシナモンとクミンの組み合わせでよく使われる。

その他の用途

★歯みがき粉、インドネシアのタバコと葉巻、におい玉、蚊とアリ除け、魚を麻痺させる、強力な殺菌剤および収れん剤。
★歯痛に使う精油は濃い色の瓶に入れて冷暗所に保管する。

こぼれ話

17世紀、悪い空気を吸うことでペストがうつると考えられていたため、医師たちはくちばしの形のマスクの中にクローブ、ミント、ローズペタルを入れていた。◆紀元前3世紀、中国の漢王朝の皇帝は謁見の前に臣下にクローブを噛んで口臭を消すよう命じた。◆樹齢350〜400年の世界最古のクローブの木がテルナテ島（スパイス諸島）にある。◆クローブは1つの実に1つしか種ができない。

ビタミンと微量ミネラル（成分表）

スパイス	ビタミン															微量ミネラル													その他
	A（レチノール）	B1（チアミン）	B2（リボフラビン）	B3（ナイアシン）	B4（コリン）	B5（パントテン酸）	B6（ピリドキシン）	B7（ビオチン）	B9（葉酸）	B12（コバラミン）	C（アスコルビン酸）	D（カルシフェロール）	E（トコフェロール）	F（リノレン酸）	K（キノン）	カルシウム	鉄	マグネシウム	マンガン	リン	カリウム	ナトリウム	セレン	亜鉛	銅	モリブデン	クロム	βカロテン	食物繊維
グレインズ・オブ・パラダイス													●						●										
ディルシード	●		●	●												●	●	●	●	●				●					●
セロリシード	●																	●	●										
マスタードシード	●												●					●	●				●						
コリアンダー	●																	●	●	●			●	●					
クミン		●	●	●												●	●	●	●	●			●	●					
カルダモン													●			●		●	●					●	●				
フェンネルシード	●	●	●	●												●	●	●	●					●					●
サンフラワーシード	●	●		●		●	●		●				●	●		●	●	●	●	●			●	●					
フラックスシード	●	●		●			●									●	●	●	●					●					
ナツメグとメース	●	●	●	●			●									●	●	●	●					●	●				
ポピーシード		●	●	●			●	●								●	●	●	●					●	●				
パセリシード	●	●	●	●			●		●		●		●		●	●	●	●	●	●			●	●	●	●			
アニス		●	●	●			●										●	●	●					●	●				
セサミシード	●	●	●	●												●	●	●	●	●			●	●	●				
フェヌグリーク	●	●	●	●												●	●	●	●					●					●
チリペッパー	●												●					●	●					●					
パプリカ	●	●	●	●			●						●			●	●	●	●					●			●		
キャラウェイシード	●	●	●	●			●						●			●	●		●	●									
柑橘類の果皮				●																									
マックルー	●	●	●	●		●			●		●	●																	
ココナッツ			●													●		●			●		●		●	●			
スターアニス	●		●										●					●											
ジュニパーベリー													●			●	●	●			●						●		
マルベリー			●										●			●	●	●											
ペッパー	●	●	●						●							●	●	●	●	●				●					
タマリンド		●	●	●							●					●	●	●	●					●					
バニラビーンズ		●	●	●		●										●	●	●	●					●					
フランキンセンス																													
セイロンシナモンとカシア																●	●		●										
ミルラ																													
ドラゴンズブラッド																													

ビタミンと微量ミネラル(成分表) 137

ビタミン / 微量ミネラル / その他

スパイス	A(レチノール)	B1(チアミン)	B2(リボフラビン)	B3(ナイアシン)	B4(コリン)	B5(パントテン酸)	B6(ピリドキシン)	B7(ビオチン)	B9(葉酸)	B12(コバラミン)	C(アスコルビン酸)	D(カルシフェロール)	E(トコフェロール)	F(リノレン酸)	K(キノン)	カルシウム	鉄	マグネシウム	マンガン	リン	カリウム	セレン	ナトリウム	亜鉛	銅	モリブデン	クロム	βカロテン	食物繊維
オールスパイス	●	●	●		●	●					●					●	●	●		●	●								
スマック											●																		●
サンダルウッド																													
タマネギ		●	●			●	●				●					●	●	●		●	●			●					
ガーリック		●	●			●	●				●					●	●	●		●	●			●					
ホースラディッシュ	●	●	●				●				●					●	●	●		●	●			●					●
アロールート		●	●				●									●	●	●		●	●								
ターメリック																													
リコリス		●	●	●							●		●			●	●	●		●	●								
アイリスの根																													
オタネニンジン																													
ジンジャー			●			●										●	●	●	●		●			●					
アンゼリカ		●	●								●																		
ワームウッド													●																
ケッパー		●	●	●			●				●					●	●	●		●	●								
サフラン		●	●				●				●					●	●	●		●	●								
レモングラス	●	●		●	●											●	●	●		●	●								
アサフェティダ	●			●												●	●	●		●	●								
ローリエ	●		●	●							●					●	●	●		●	●								
ペパーミント	●										●					●	●	●		●									
ローズペタルとローズヒップ	●	●									●					●	●	●		●	●								
クローブ			●				●				●		●			●	●	●		●	●								

表中で●のついていないスパイスには、ビタミン、ミネラルはほとんど含まれていない。

用語集

ビタミン

- **カロテノイド**：黄色、オレンジ色、赤色の植物の色素で、抗酸化特性を有する。

- **A（レチノール）**：β-カロテンなど4種のカロテノイド。組織の保護、視力の向上、夜盲症の防止、成長に不可欠なビタミンで、黄色～緑色の植物と卵黄中にある黄色化合物。

- **B1（チアミン）**：動物の体内でエネルギーをつくる代謝反応において、中心的役割を果たすビタミン。

- **B2（リボフラビン）**：他のビタミンB類とともに作用し、成長、赤血球の生成、食物からエネルギーを取りこむのに不可欠なビタミン。

- **B3（ナイアシン）**：食物をエネルギーに変換するのを助け、DNA修復およびストレス応答を促進するビタミン。

- **B5（パントテン酸）**：脂肪や炭水化物をエネルギーに変換する際に重要な役割を果たし、ホルモンや赤血球の生成を助けるビタミン。

- **B6（ピリドキシン）**：正常な脳の発達と機能、体内時計の調節および感情抑制に不可欠な神経伝達物質の合成を助けるビタミン。

- **B7（ビオチン）**：ビタミンH、またはコエンザイムRとも呼ばれる。食品をエネルギーに変換するのを助け、髪や爪の成長に寄与する細胞をつくるビタミン。

- **B9（葉酸）**：脳の正常な機能に不可欠なビタミンで、精神面・感情面の健康や、胎児が健康に成長するのに重要な役割を果たす。

- **B12（シアノコバラミン、ヒドロキソコバラミン、メチルコバラミン）**：神経細胞の維持、およびDNAやRNAの生成に欠かせないビタミン。

- **B群**：広範囲の代謝機能をもつ水溶性ビタミンBのグループ。

- **C（アスコルビン酸）**：組織の成長と修復、傷の治癒や歯の健康に重要な役割を果たすビタミン。免疫力を高めるはたらきも。

- **D（コレカルシフェロール、エルゴカルシフェロール）**：健康な骨の成長のためにカルシウムの吸収を助けるビタミン。筋肉や免疫機能にも作用する。

- **E（トコフェロール）**：抗酸化物質として作用し、組織を損傷から保護し、若年期の老化を防ぐ役割をもつビタミン。

- **K（フィロキノン、メナキノン：MK-4、MK-7、MK-8、MK-9）**：適切な血液凝固および骨の健康に不可欠な役割を果たすビタミン。

- **β-カロテン**：ビタミンAの重要な前駆体である、オレンジ～赤色の植物色素。

ミネラル

- **亜鉛**：免疫系を最適に機能させるために不可欠なミネラルで、嗅覚や味覚にも関与する。

- **硫黄**：アミノ酸（タンパク質の構成要素）とともに作用し、細胞、組織、ホルモン、抗体、酵素を維持するミネラル。

- **カリウム**：筋収縮、消化、筋肉と心臓の機能のために重要なミネラル。血圧を調整する。

- **カルシウム**：血液凝固、筋収縮、神経機能を最適な状態にし、骨と歯の強化に重要な役割を果たすミネラル。

- **クロム**：脂肪や炭水化物の代謝に重要なミネラルで、インスリンの作用など多くの身体プロセスに重要な役割を果たす。

- **コバルト**：赤血球の形成に寄与するミネラルで、甲状腺機能の調整にも役立つ。

- **シリカ**：骨や血管の健康を支えるコラーゲンをつくるミネラル。

- **セレン**：細胞の損傷を防ぐはたらきをもつ微量ミネラルで、少量のみ必要とされる。

- **鉄**：赤血球をつくる重要なミネラルで、血中の酸素を肺から全身の組織に効率的に運ぶ役割を果たす。

- **銅**：鉄とともにはたらくミネラルで、赤血球の機能を正常化すると同時に、骨の健康に貢献する。

- **ナトリウム**：体液量を調整するミネラルで、血液量や血圧の調節など重要な作用をする。

- **フッ化物**：健康な骨や歯の発達に不可欠なミネラル。

- **マグネシウム**：神経機能から血圧調節まで、身体のさまざまな反応に関わっている。

- **マンガン**：結合組織、性ホルモン、骨の形成を助けるミネラル。

- **モリブデン**：体内の特定のアミノ酸（タンパク質の構成要素）の分解において中心的役割を果たし、最適な健康状態が達成されるのを助ける。

- **ヨウ素**：代謝プロセスを調整する甲状腺ホルモンの重要な成分。

- **リン**：カルシウムとともに作用し、強い骨や歯をつくる。

その他の栄養素および物質

- **アリシン**：ガーリックに含まれる物質で、抗菌作用があると考えられる。

- **オメガ3脂肪酸**：必須脂肪酸で、α-リノレン酸、EPA、DHA などを含む。

- **コレステロール**：血中濃度が高まると、アテローム性動脈硬化を促進すると考えられている成分。細胞膜の重要な成分でもある。

- **植物栄養素**：病気を予防し、ヒトの健康に役立つと考えられる植物由来の物質。

- **食物繊維**：植物由来の消化不能な成分で、ヒトの健康に大いに役立つと考えられる。

- **ステロイド**：多くのアルカロイド、ビタミン、ホルモンを含む広範囲の化合物。

- **スルフォラファン**：ルッコラなどのアブラナ科の野菜に含まれる、がんを予防する物質。

- **炭水化物**：でんぷん、糖類、およびセルロースを含む食品中の大きなグループで、動物の体内で分解され、エネルギーとなる。

- **タンパク質**：窒素を多く含む化合物のグループで、生物の基本的な部分をなす。

- **フィトアレキシン**：侵入してきた病原微生物に応答して、植物が新規に合成する抗菌性の代謝産物の総称で、ポリフェノール、アルカロイド、テルペノイドなどがある。

- **α-リポ酸**：グルコースをエネルギーに変換するのにも役立つ酸化防止剤。

- **β-シトステロール**：植物性ステロイド化合物で、悪玉コレステロールを低下させる作用がある。

- **γ-リノレン酸**：多価不飽和脂肪酸の1つで、オメガ6脂肪酸に属し、生体の機能調整をしている。

その他（薬剤など）

- **乾癬**：かゆみ、赤色、鱗片状の斑点を特徴とする皮膚疾患。

- **揮発性オイル**：精油とも呼ばれる。植物から抽出され、各々の芳香をもつ。

- **去痰剤**：喀痰の分泌を促進する物質で、しばしば咳の治療に使用される。

- **解毒**：有害物質を除去すること。

- **抗炎症作用**：炎症を緩和する作用。

- **抗菌作用**：微生物（細菌）に対って抑制的にはたらきかけること。

- **抗真菌作用**：カンジダや水虫（白癬菌）などの真菌に対して抑制的にはたらきかけること。

- **コーディアル**：強壮作用のある飲料。

- **催嘔成分**：嘔吐を促す物質。

- **刺激成分**：体内の神経または生理学的活動のレベルを上昇させる物質。

- **収れん成分**：皮膚細胞や他の組織の収縮を引き起こす物質。

- **蒸留**：液体を精製する方法。

- **チンキ**：薬効成分をアルコールに溶かしてつくられた薬。

- **鎮けい成分**：過剰な筋肉のけいれんを緩和、または予防する物質。

- **鎮静成分**：気分を落ち着かせ睡眠を促す物質。

- **鎮痛成分**：痛みをやわらげる物質。

- **発汗成分**：発汗を誘発する物質。

- **媚薬**：性的欲求を刺激する物質や催淫作用をもつ物質を調合した薬。

- **ブーケガルニ**：料理の風味づけに使用されるハーブの束。

- **浮腫**：余分な水分が体の組織に集まる状態。

- **プレバイオティクス**：経口的に摂取されたあと、大腸に入り善玉菌の栄養源となり、それらの増殖を促進し、腸内細菌の構成を健康的なバランスに改善して維持する成分。イヌリン、ポリデキストロース、オリゴ糖などがある。

- **防腐成分**：病気を引き起こす微生物の増殖を妨げる物質。

- **ホルモン**：細胞や組織が特定のはたらきをするよう刺激し、調節する物質。

- **麻薬**：気分や行動に影響を与える習慣性の高い薬物。

- **免疫系**：感染症などから生体を防御するシステムで、体内に侵入した細菌やウイルスに対し抗体をつくり、発病を防ぐ。

- **メントール**：ミントの味と香りを特徴づけている成分。

- **モルヒネ**：痛みを和らげるために使われるケシの実の汁由来の麻薬性鎮痛剤。

- **利尿促進成分**：排尿を促す物質。

用語集 | 141

▲インドのピクルス

🌶 さまざまなミックススパイス

ピクルス・スパイス

4000年ほど前にインドで生まれたピクルスは、もとは食品の保存のために塩水や酢に漬けこむものだったが、その過程で新たな風味が加わるので、単に冬の間や旅の道中の食品の保存のためだけでなく、ピクルス自体の味も楽しめる。また、ピクルスにするとビタミンBが加わるので栄養価も高くなる。ピクルスに適した食材は、一例をあげればタマネギ、オリーブ、キュウリ、ニシンなど。ピクルスには、さまざまな形状のスパイスやハーブが組み合わせて使われる。よく使われるのは、オールスパイス、ローリエ、ブラックペッパー、シナモン、コリアンダー、ディル、フェヌグリーク、ジンジャー、マスタードシード、パプリカなど。

ウスターソースとパウダー

ウスターソースは苦みとタマリンドのかすかな酸味によって、料理を"スパイスアップ"する。よく使われる料理は、キャセロール料理、スープ、肉のグリル、ディップ、チーズ料理など。カクテルの「ブラッディマリー」にも使われる。ウスターパウダーは、ウスターソースを粉末状にしたもの。もとは古い東インドのレシピで、1830年代にイギリスにもたらされた。イギリスの町ウスターに住む調合師ジョン・ウィーリー・リーとウィリアム・ヘンリー・ペリンズがそのレシピの再現を試みたが、できあがったソースは異様に辛く、とても食べられなかった。その失敗作はすっかり忘れられて地下室の樽に何年も放置されたが、それが熟成されてとてもおいしいソースになった。リーとペリンズのウスターソースは市販され、ヒット商品になった。現在でも、この会社のウスターソースは1年半、木の樽で熟成させてつく

られている。

　材料は、糖蜜に浸したタマリンド、ビネガー、塩、砂糖、トマト、ガーリック、アンチョビ、カラメル、スマック、クローブ、エシャロット、ペッパー、ヒッコリースモーク、レモン、ピクルス、カイエンペッパー。リーとペリンズがイギリスでつくったソースにはモルトビネガーが使われたが、アメリカでは蒸留したホワイトビネガーが使われる。これを2年以上、たまに攪拌しながら熟成させるとマイルドなソースになる。これを漉して液体のまま瓶詰めするか、乾燥させてパウダーにする。

プディング・ミックス

　焼き菓子、デザート、フルーツに使われる甘いスパイスの組み合わせで、イギリスと、かつてのイギリスの植民地でよく使われる。シナモン、オールスパイス、ナツメグがよく使われ、コリアンダー、クローブ、ジンジャー、ハチミツ、挽いたメースが入ることもある。

ホットワイン・スパイス

　ヨーロッパでは、シナモン、クローブ、オールスパイス、ナツメグ、ドライフルーツを温かいワインやポンチに浸し、クリスマスの来客や聖歌隊にふるまう。

パンプキンパイとアップルパイのスパイス

　アメリカやカナダでは昔から感謝祭やクリスマスにパンプキン（カボチャ）パイを食べることが多い。パンプキンはフランス経由でチューダー朝のイギリスにもたらされた。アップルパイも昔ながらのお菓子で、パンプキンパイと同じく、シナモン、

▼ホットワイン

クローブ、ナツメグ、オールスパイスという組み合わせが使われる。

チリパウダー

これはチリペッパー単独のパウダーではなく、チリペッパーにクミン、コリアンダー、オレガノ、パプリカ、クローブ、オールスパイス、カイエンペッパー、ガーリックなどを加えたもの。メキシコ料理やテックスメックス（米テキサスとメキシコの郷土料理が合わさった料理）によく使われる。

カレー粉

カレー粉（カレー用の混合スパイス）というのはヨーロッパ人がつくったもので、南アジアにはカレー粉と呼ばれるものはなく、ターメリック、チリパウダー、コリアンダー、クミン、ジンジャー、ペッパーなど基本的なスパイスの組み合わせがあるだけ。この基本スパイスにシナモン、クローブ、パプリカが加わることもある。

🌿 その他のミックススパイス

アドヴィエ Advieh：ペルシャ、メソポタミアの料理で使われる。組み合わせは、ターメリック、シナモン、カルダモン、クローブ、ローズ（ペタルまたはつぼみ）、クミン、ジンジャー。これにサフラン、ナツメグ、ブラックペッパー、メース、セサミ、コリアンダーなどが加わることもある。

ヴァドゥーヴァン Vadouvan：インドのプドゥッチェーリ（ポンディシェリ連邦直轄領）で使われるスパイスミックスで、フランスの植民地時代の影響と思われるフランス風ブレンド。みじん切りのタマネギとエシャロット、ガーリック、ベジタブルオイル、フェヌグリークシード、挽いたクミン、挽いたカルダモン、ブラウンマスタードシード、ターメリック、すりおろしたナツメグ、レッドペッパー

▼パプリカとチリペッパー

の輪切り、挽いたクローブ。

カーラマサラ　Kaala masala：深煎りしたスパイスを使ったインド地域の黒いスパイスミックスで、クミン、セサミ、コリアンダーシード、クローブ、シナモンスティック、ココナッツ、チリペッパーが使われる。

ガラムマサラ　Garam masala：インドの香りのよいブレンドで、クミン、コリアンダー、カルダモン、ペッパー、シナモン、クローブ、ナツメグの組み合わせ。インド北部とパキスタンでよく使われる。

カンダ・ラスン・マサラ　Kanda lasun masala：インド南西部などで使われる辛いスパイスミックスで、天日干ししたチリペッパー、ガーリック、タマネギ、ココナッツなどが入っている。

クアトロ・エピス　Quatre épices：フランスの4つのスパイスミックスで、挽いたペッパー、クローブ、ナツメグ、ジンジャーのブレンド。

ケイジャン・スパイス　Cajun spices［米ルイジアナ州南部のケイジャン料理に使われる］：クミン、コリアンダー、パプリカが基本で、これにオレガノ、塩、つぶしたペッパーが加わることもある。

五香粉　Chinese five-spice powder：中国のスパイスミックスで、カシア（肉桂、中国のシナモン）、スターアニス、クローブ、フェンネル、四川のペッパーのブレンド。これにジンジャー、ナツメグ、カルダモン、唐辛子、クローブ、フェヌ

グリークが加わることもある。

ゴーダマサラ　Goda masala：インド南西部で使われる甘いスパイスミックスで、一般的な組み合わせは、カルダモン、シナモン、クローブ、ローリエ、白ゴマ（ホワイトセサミ）、コリアンダーシード、ココナッツフレーク、カシアのつぼみ、ダガド・フール（地衣類の一種）、ホワイトペッパーの実、ブラックペッパーの実。

ザーター　Za'atar：ザーターはシリア、レバノンの山岳地に生息するタイムに似たハーブの名前だが、これに各種スパイスをブレンドしたスパイスミックスが同じ名前で呼ばれることがある。ブレンドされるのは、セサミシード、みじん切りの生オレガノ、乾燥させたマジョラム、挽いたスマック、海水塩、挽いたクミン。

シーズニング・ソルト　Salt：ブラックペッパー、挽いたパプリカ、みじん切りまたはパウダー状のオニオン、セロリシード、パセリ、そのほかマスタード、オレガノ、ガーリックなどのスパイスで風味づけした塩。タイム、ターメリック、クミンパウダー、マジョラム、レッドチリペッパー、ローズマリー（挽いたものやくずしたもの）、挽いたホワイトペッパーが入ることもある。

七味　Shichimi：日本の7つのスパイスのブレンドで、レッドチリペッパー（赤唐辛子）、山椒、乾燥させた柑橘類の果皮、セサミシード（白と黒）、ヘンプシード、ジンジャー、海苔（青海苔）のブレンド。ガーリック（ニンニク）やポピーシード（芥子の実）が入ることもある。

148 | ミックススパイス

ジャーク・シーズニング Jerk seasoning：肉にすりこんだりマリネしたりするのに使われる、このシーズニングの基本は、オールスパイスとスコッチ・ボネット・ペッパーの組み合わせ。これに、ブラウンシュガー、クローブ、シナモン、ガーリック、ジンジャー、ナツメグ、塩、エシャロット、タイムが加わることがある。現在はジャマイカ料理によく使われているが、もとはアフリカのもので、とても辛い。牛肉のほか、鶏肉、ソーセージ、子羊肉、魚、貝・甲殻類、野菜にもよく合う。

タコ・シーズニング Taco seasoning：チリパウダー、ガーリックパウダー、オニオンパウダー、ジンジャー、輪切りのレッドペッパー、乾燥オレガノ、パプリカ、挽いたクミン、海水塩、ブラックペッパーのブレンドで、コリアンダー、カルダモン、シナモン、クローブ、ナツメグが少量入ることもある。

タンドリー・マサラ Tandoori masala：各種スパイスをヨーグルトとライムジュースとブレンドしたマリネ液で、南アジアでタンドリーチキンなどの肉料理に使われる。コリアンダー、塩、フェヌグリーク、オニオンパウダー、ブラックペッパー、チリペッパー、ガーリックパウダー、カシア、セイロンシナモン、クミン、ジンジャー、クローブ、ローリエの葉、ナツメグ、セロリパウダー、カルダモンが使われる。

トリ肉料理用シーズニング Poultry seasoning：アメリカで鶏肉や七面鳥の料理に使われるシーズニングミックスで、セージがメインで、セイボリー、タイム、マジョラム、ローズマリーが入っている。セロリシード、オニオンパウダー、ナツメグなどが加わることもある。

ハワジ Hawaji：イエメンに伝わるスパイスを挽いてミックスしたパウダーで、スープやコーヒーに入れる。スープ用には、ペッパー、クミン、カルダモン、キャラウェイ、ターメリック、クローブ、コリアンダーシード、コリアンダーの葉のミックス。コーヒー、デザート、ケーキに使われるのは、アニシード、フェンネルシード、ジンジャー、カルダモンのミックス。

パンチ・フォロン Panch phoron：インドのベンガル地方で使われる5つのスパイスのブレンドで、ホールのフェヌグリーク、ニゲラ、フェンネル、クミン、マスタード（またはラドゥニシード）が入っている。

フメリ・スネリ Khmeli suneli：ジョージア（グルジア）やコーカサス地方で使われるミックススパイスで、マジョラム、ディル、サマーセイボリー、ミント、パセリ、コリアンダー、フェヌグリークの葉、フェヌグリークシードを挽いたもの、カレンデュラの花を挽いたもの、ブラックペッパー、もんだローリエの葉が入っている。

ミトミタ Mitmita：エチオピアやエリトリアの料理に使われる濃いオレンジ色のパウダーで、アフリカンバーズアイチリペッパー、カルダモンシード、クローブ、塩のミックス。

ミックススパイス | 149

モントリオール・ステーキ・シーズニング Montreal steak seasoning：ステーキやグリル用の肉にもみこむスパイスミックスで、ガーリック、コリアンダー、ブラックペッパー、ディルシード、塩、輪切りのカイエンペッパーなどが入っている。

ラ・エル・アヌゥ（ラセラヌー） Ras el hanout：北アフリカのスパイスミックスで、シナモン、クミンなどが入っている。

レモン・ペッパー Lemon pepper：レモンの皮とブラックペッパーを焼いたものをつぶして塩と混ぜたもの。

▼粉末のガラムマサラとその他のスパイス

塩の話

塩はスパイスではないが、マスタードやペッパーとともにいつも食卓に並び、何世紀にもわたって人間の生活に欠かせない存在である。味で舌を刺激するだけではなく、20世紀初めに家庭用冷蔵庫ができるまでは塩漬けは食材保存の主な手段になっていた。かつては冬に入って飼料がなくなると、家畜をつぶして肉を春まで保存する必要があった。多くの牛を冬を越して飼えるようになったのは、17世紀に農業革命により輪作と冬季飼料（カブ、クローバーなど）に関する知識が普及してからのことである。塩漬けにした食材は、ひと冬の保存がきき、また長距離輸送が可能だった。

塩は人類の生存と文化の発展に大きな貢献をしてきた。おとぎ話の題材になったり、魔力の源とされたりもした。また塩は、激しい戦争や、遠方への交易路の確立のきっかけにもなった。

海水と岩塩

塩はどこでも手に入るものではなく、主に海水と岩塩から採る。海水から抽出されるほか、海が干上がった陸地で採れたり、地表に湧き出した塩水が蒸発して塩の結晶になったり、岩塩の洞窟や塩湖になることもある。具体的には、海水を塩田で天日濃縮させる、煮つめる、塩鉱から採掘する、といった方法がある。塩鉱は地下数百メートルに及ぶものもある。19世紀後半になると採掘が産業化され、新たな技術が確立して深いところに堆積している塩を堀り出せるようになった。古代ローマのユリウス・カエサルは紀元前55年のブリタニア侵攻の際に、現地の人が熱した棒に塩水をかけ、表面についた結晶を削り落とすという原始的な方法で塩を採っているのを見ているが、当時カエサルの軍ではすでに、専門の塩職人が塩水を煮つめて兵士に塩を支給するシステムができていた。

▼伝統的な塩の採取方法のひとつ。

塩の話 | 153

中国の塩の歴史

　中国で最初に製塩が始まったのは山西省北部で、塩の支配をめぐって何度も戦争が起きている。歴史家によると、同省内の運城市の塩湖では、少なくとも紀元前6000年にはすでに、夏季に湖水が蒸発した地面から塩を採取していたという。

　中国では約4700年前には、複数の種類の塩があることが知られており、それに合わせた採取法ができあがっていた。ある文献によると、その数は40種以上ともいわれている。初期に行われていたのは、土器に海水を入れて沸騰させて煮つめ、わずかな塩の結晶を採取する方法だった。しかし紀元前450年頃には鉄器を使う方法が主流になった。その手法は1000年後にローマ帝国によってヨーロッパ中に広まり、中国でも19世紀にいたるまで2000年にわたって主な採取法として実際に用いられた。

　中国では早いうちから塩が徴税や取引に使われ、塩を通貨とした経済が確立した。塩が技術の発展を促し、帝国を支える安定した税収源にもなったのである。塩は中国における主要な資金源で、塩を支配する者が時代の支配者となった。

その他の国や地域での事情

　アメリカ、カナダ、イギリスでは、地下に広大な岩塩層がある地域が多く、その多くに塩と関連した地名が見られる。「塩の町」を意味するオーストリアのザルツブルクには大きな塩鉱があり、ボスニア・ヘルツェゴビナのトゥズラも「塩の地」を意味する。

　イギリスのリヴァプールは、近郊のチェシャーの塩鉱で採掘される塩が19世紀の主要な貿易品となったことで、小さな町から国内有数の港へと発展した。イギリスには、ミドルウィッチ、ナントウィッチ、ドロイトウィッチなど、語尾に「ウィッチ（wich）」のつく地名がいくつかあるが、これも塩に関連した語である。

　ヨーロッパ最古の町ともいわれるサルニツァタ（現ブルガリア）が、塩の生産とバルカン半島への供給で栄えた町だということからも、塩が重要だったことがうかがわれる。一方、16世紀のポーランドも塩鉱によって偉大な王国を築き上げたが、のちにドイツが海水塩を持ちこんで、廃れていった。その後はミュンヘンなど塩の交易路に沿った都市が栄えた。ベネチアは塩を独占して繁栄を極め、ジェノバと塩をめぐって対立したが、この地中海貿易は、皮肉にもともにイタリア人であるクリストファー・コロンブスとジョン・カボット（それぞれスペインとイギリスの公認を受けて航海に出た）が、新世界を発見して交易市場の構造を変えたことで、廃れていった。

塩の道の発展

　青銅器時代、もとは野生動物が岩塩のある場所に塩をなめに行くときに通っていたけもの道を、人間も通るようになり、あちこちに「塩の道」ができた。やがてその周辺に集落ができ、村ができた。

希少品である塩の重要性は、文明の発展とともに増していった。ローマ帝国の拡大にともない街道の整備が進み、より効率的に都市に交易品を運べるようになった。サラリア街道はその中でもとくに栄えた塩の道で、ローマ軍が通るかたわらで商人が荷車いっぱいの「白い金」を運んだ。

ローマ帝国時代後期から中世には塩は大規模な隊商によって運ばれた。リビア砂漠にはいくつもの塩のオアシスを結ぶルートがあり、毎年、何千頭ものラクダがサハラ砂漠を渡って内陸部に塩を運んだ。トンブクトゥ（マリ共和国の町）にはかつて塩と奴隷を交換する大きな市場があり、12世紀には塩は書物や金と同等の価値があった。

塩の道は海路も含め各地に広がり、塩を積んだ船がエジプトから地中海、エーゲ海を経てギリシャへ渡った。6世紀にはムーア人の商人がサハラ砂漠以南のアフリカの地でも、塩を金と等価あるいはそれ以上で交換していた。時代が進むと、ベネチア人がコンスタンティノープルで塩をアジア産スパイスと交換するようになった。

ドイツの都市ハレは、塩鉱からバルト海の港へ続く街道沿いにできた町である。フランスでも塩の生産が行われ、地中海沿いに塩の道ができていた。都市、都市国家、公爵領はそれぞれに領地内を通る塩に重い関税を課し、塩と流通とその価値の変動は人口の移動や侵攻、戦争を引き起こす要因になった。

通貨としての塩

このように、塩は昔、高価な商品であり、通貨としても用いられていた。古代ローマの兵士の報酬は塩で支払われ、その名残りで、報酬に見合う働きをするという意味で、「もらう塩の分の価値がある（worth one's salt）」という表現がある。また、英語の「サラリー（salary）」の語源は兵士に支給する塩を意味する〈salarium〉が語源である。アビシニア（エチオピア）では岩塩板が、中央アフリカでは平たい円形に固めた塩が、硬貨として使われた。

1295年にマルコ・ポーロがベネチアに帰った際には、モンゴルでも塩の価値は高く、塩を固めた硬貨に皇帝クビライ・カーンの印章が刻まれている話を伝えて、ベネチアの総督（ドージェ）を喜ばせた。1812年の米英戦争では、現金に困窮したアメリカ政府が、兵士の給料を塩水で支払った。エチオピアのダナキル砂漠の遊牧民は、現在でも塩を貨幣として使っている。

聖書、ことわざ、習慣に見られる塩

旧約聖書には、神へのいけにえである焼いた動物には塩を添えよ［エズラ記6：9］と書かれ、また「塩を受けとる（食む）」という表現が「仕える」の意味［エズラ記4：14］で用いられている。新約聖書の「あなたがたは地の塩である」［マタイ5：13］というイエスの言葉は、弟子たちは価値ある存在であり、食品の腐敗を防ぐ塩のように、道徳的腐敗から世界を守る使命があるという意味である。

塩の話 | 155

156 | 塩の話

聖書以外でも、「傷口に塩をぬりこむ(rub salt in a wound＝追い討ちをかける)」、「勘定書に塩を振る(salt an invoice＝ごまかす)」、「塩ひと粒だけで味つけする(take it with a grain of salt＝話を割り引いて聞く)」など、塩にまつわる慣用句がいくつもある。また、多くの地域で、客にパンと塩を出して歓迎の意を表す習慣が残っている。

❓ こぼれ話

● カリブ海地域のネイティブアメリカンは、海で塩を採っていた。

● 古代のメキシコでは、女性がワームウッド（ニガヨモギ）の冠をかぶって塩の女神のために舞う儀式があった。

● 塩分は体内のあらゆる細胞に含まれ、各組織と脳とのあいだで、または脳内で信号を伝達する働きをする。

● 中国では、儀式的な自死の手段として塩を大量に摂る方法があった。

● 塩は商品価値が高いために闇市場で密売がおこなわれ、暴動や革命がたびたび起きた。イギリスのダンドナルド伯爵の1785年の記録によると、塩の密売の罪で毎年1万人が捕らえられ、塩とタバコの不正取引の罪で300人が絞首刑にされている。

● 9世紀の中国では、錬金術の知識のある道教の僧が塩に防腐作用があることを知り、不老不死の薬を求めるうちに硝石(硝酸カリウム)を発見した。やがて硝酸カリウムは黒色火薬の主原料となり、世界初の小型火器の発明につながった。

● 古代ギリシャの「医学の父」ヒポクラテス（紀元前460年-前370年頃）は、海水に浸かることでさまざまな慢性疾患が治ると書いている。

● ローマ帝国では、生後8日の新生児の口に、砕いた塩の粒をつけて悪霊祓いをする儀式が行われていた。

● 塩にはすぐれた防腐作用があり、古代ロー

マ語で塩を意味する「sal」は、健康の女神Salusの名に由来する。

● 古代ローマの神殿では、捧げ物の石臼を乙女たちが塩水で洗う習慣があった。

● 栄華を誇ったスペインのフェリペ2世が没落した原因には、アルマダの海戦での敗北だけではなく、イベリア海の製塩所をオランダに封鎖されて財政難に陥ったということもあった。

● 古代アッシリア人やヘブル人は、征服した民を鎮める儀式として塩をその地に撒いた。

● 「サラダ」の語源は「塩（ソルト）」である。古代ローマでは野菜に塩を振って食べていた。

● アメリカ独立戦争で、イギリス支持派は独立派の食料保存を阻害するために塩の運搬船を略奪した。

● インドのマハトマ・ガンジーは独立運動中、イギリスの塩の専売制度を公然と無視し、インドの自治に向け人民の広い支持を得た。

● 旧約聖書で、ロトの妻はソドム脱出の際に疑念にかられて後ろを振り返り、「塩の柱」になった。

● 紀元前1450年のエジプトの絵画には、塩を精製したり、肉や魚の塩漬けをつくったりする様子が描かれている。神聖な塩とされるナトロンは高貴な人物をミイラにするために使われ、ふつうの塩は庶民の遺体

- 防腐処理や野菜や果物の塩漬けに使われ、またに瓶に入れて供え物にされた。
- フランスでは500年間にわたって、国民が塩を王家から買うシステムが採られ、塩にガベルという消費税が乗せられていたため高価だった。これが国民の不満につながり、フランス革命の一因になった。
- 塩をこぼすと縁起が悪いとされ、レオナルド・ダ・ヴィンチの絵画《最後の晩餐》には、ユダの前に倒れた塩入れが描かれている。
- 中世から18世紀まで、宴の重要な客はテーブルの奥、「塩より上座」に着席させるという作法があった。「塩より下座」で、上座から席が遠くなるほど「とるに足らない」客ということになる。
- エリー運河(1825年完工。北米の五大湖とニューヨーク市のハドソン川をつなぐ)は建築費の半分が塩税収入で賄われたので、「塩が建てた水路」といわれた。
- ナポレオン軍が1812年に遠征先のモスクワから撤退する際、数千の兵士が塩不足が原因で死んだといわれる。病気に対する抵抗力が弱まり、傷が治りにくくなったためだった。
- 葬儀のあと、肩越しに塩を投げると、背中についてきた悪い霊が逃げていくといわれる。また、埋葬前の棺にひとつかみの塩を入れると、悪魔を追い払うことができる。
- インドでは、塩の贈り物は幸運のしるしである。
- 日本の相撲の力士は取組前に、土俵に塩を撒いて土俵を浄める。
- ネイティブアメリカンのホピ族の言い伝えでは、岩塩が文明社会から遠く離れた場所に埋まっているのは、その宝が簡単には人の手に渡ることのないよう試練を与えるためとされている。
- 1933年に死去したチベットのダライラマ13世は、塩の床にすわった姿勢で埋葬された。
- かつてスコットランドではビール醸造の際に、魔女や悪霊に悪さをされるのを避けるために塩を加えていた。実際に塩は過度の発酵や腐敗を抑える効果がある。
- ゾウは丘の斜面の土を掘り出して大きな穴をあけ、地中の岩塩をなめてミネラルを摂取する。

陸を見失う勇気がなければ海を渡ることはできない。

──クリストファー・コロンブス（1451～1506）
イタリア、ジェノバ

　その昔、異国のスパイスはおとぎ話の中の存在だった。食材そのものより風味づけに使うスパイスのほうがずっと高価で、たとえばナツメグは同じ重さの黄金よりも高かった。それが人々を駆り立て、未知の水路へ、荒れ狂う海へ、予測もつかぬ危険へ、競争と戦いへと向かわせた。勇敢な冒険家や野心的な商人たちが、財を築くチャンスに心を動かされ、新たなスパイスを求めて──そしてスパイスという宝につながるルートを求めて船出した。スパイス貿易は世界の重要な動きとなり、国の隆盛と没落にも大きな影響を与えた。やがてはそれが未知の大陸と異文化の発見につながり、人々の世界のとらえ方がまったく新しくなった。

　紀元前3000年、インド南西部（現在のケララ州）と東インド諸島の間にスパイス貿易のルートの基礎ができた。その後、古代ギリシャ・ローマ時代には、地中海地域と遠い東南の地を結ぶ水陸の交易ルート「香の道」ができ、セイロンシナモン、カシア、ジンジャー、ナツメグ、クローブ、メース、そしてペッパーといった魅力的なスパイスが運ばれるようになった。紀元前1世紀、ローマ帝国はエジプトに交易の中心都市としてアレキサンドリアを置き、領土内に入ってくるスパイスをすべて監視していた。しかし、商人たちはスパイスの産地を明らかにせず、スパイスについて、またそれが育つ魔法の地について、夢のような物語を語り広めたので、謎は大きくなるばかりだった。なかには、翼をもつ怪物がスパイスの育つ断崖の番をしているという話まであった。

　紅海の航路はインドとエチオピアが占領していたが、7世紀半ばに台頭してきたイスラム勢力がエジプトの陸路とスエズ湾を占領したため、紅海とヨーロッパの往来は途絶えた。かわって出てきたアラブ商人は、南西アジアのレヴァント地方と、勢力を増していたベネチア商人を経由して、ヨーロッパに商品を運びこむようになった。交易の中心はバグダッドに移り、アラビア半島は「船乗りシンドバッド」や「アラジン」などの物語とともに独特の魅力をまとうようになった。

　スパイスが東インド諸島から運ばれてくるルートは長く、台風や雷雨さらには海賊に襲われる危険もあった。スパイスはたいてい奴隷によって収穫された後、小さな帆船や手漕ぎ舟でインドネシアのスパイス島（モルッカ諸島）からマレーシアのマラッカ海峡まで運ばれた。そこからジャンク船に積みこまれ、熱帯の荒波の海を渡り陸地に着くと、イエメンのアデンの港からエジプトまで灼熱の砂漠をラクダの背で運ばれる。厳しい道のり1マイルごとにスパイスの価格は上がっていった。アレキサンドリアやコンスタンティノープルでヨーロッパの商人の手にたどり着くまでには、海賊に強奪されたり請戻し金を要求されたりするおそれもあったし、経由地の君主であるアミールやスルタンには取り分として関税をかけられた。

　8世紀から15世紀のヨーロッパでは、中東との交易はベネチア、ジェノバなど海沿いの都市国家が独占していた。需要が高く高価な商品——スパイス、絹、ハーブ、香料、薬草、アヘン（阿片）など——はすべてアジア、アフリカから輸入され、それら地中海の都市国家に莫大な富と権力をもたらした。

　その情勢を大きく変えたのが、1453年のトルコのオスマン帝国によるコンスタンティノープル征服だった。オスマン帝国が交易の扉を閉ざしたため、ヨーロッパ諸国は陸から海への交易路を断たれ、イスラムの有力商人たちがインド洋のスパイス貿易のルートを支配することになった。

　突然、新たなルートと直接的な資源を開拓する必要性に迫られ、ヨーロッパは大航海時代に突入する。15世紀初めから半ばにポルトガルのエンリケ航海王子がアフリカ西海岸に船隊を送り、1498年、ポルトガル人探検家のバスコ・ダ・ガマが、ヨーロッパからはじめてアフリカ南端の喜望峰をまわってインド洋に到達した。こうして、ペッパーなどの貴重なスパイスが待つ魅惑の地への新たな海路が開かれ、ヨーロッパ人の開拓の手が直接東インド諸島のスパイスに届くことになる。そして、ポルトガルはヨーロッパで最初のスパイス貿易で栄えた海洋帝国となった。次々と新たなスパイス貿易ルートができて諸国が支配力を競い合ったが、オランダは第三者の介入を避けて喜望峰からインドネシアに行く直接的な貿易ルートをとった。

　一方で、クリストファー・コロンブスは、スパイスの産地である東インド諸島への新たな西廻りルートを開拓すべく、それまでとは逆の西向きに船を進めた。この旅について彼は、「しかし本当のところ、もし多量の黄金かスパイスに出会ったら、運べるだけの量が集まるまではその地に滞在するだろう。そのために私は探検するのだ」と言っている。こうしてコロンブスは1492年にアメリカ大陸を発見し、バハマ諸島に上陸した。

スパイス貿易 | 163

　アメリカ大陸という新世界から入ってきた未知の植物は、ヨーロッパの食文化を豊かにし、商人や貿易商の金庫を潤した。海賊など不当に利益を得ていた者たちにとっても、金や銀、タバコ、砂糖、カカオ、トマト、オールスパイス、ワイルドジンジャー、バニラなどの資源に満ちたこの土地は魅力的だった。

　コロンブスの発見に続くべく多くの探検家や航海士が船出し、バスコ・ヌーニェス・デ・バルボア、ペドロ・アルヴァレス・カブラルはインドに向かう途中で嵐で西に流されブラジルに着き、フェルディナンド・マゼランは太平洋からスパイス諸島に到達して、史上初の世界一周をなしとげた。こうしてスパイスの産地へのルートが東西両方向から開かれたことで、アジア、南北アメリカ大陸、ヨーロッパをつなぐ地球規模のルートができあがった。巨大な貿易網はまもなくフィリピンのマニラからメキシコ、中央アメリカへ、そしてスペインからヨーロッパ諸国へと延びていった。

　新たな地勢図の支配権をめぐって争いが繰り広げられるなか、ポルトガルは1512年、とりわけ利益の高いナツメグ（インドネシアのバンダ諸島の火山性土壌でしか生息しない）を独占するためにバンダ諸島を征服した。しかし、そのポルトガルも、やがてオランダに追い出される。オランダは1602年、ナツメグの占有権を確保しようと現地の首長たちと協定を結ぶ。しかしバンダ諸島のナツメグ生産者は、ほかの貿易商へも継続してナツメグを売った。

　18世紀になると、アメリカが世界のスパイス貿易に参入してきた。アメリカでスパイスの会社がいくつもでき、アジアの生産者たちと直接取引を始めると、たちまち何百隻というアメリカの船が世界中でスパイスを買い集めるようになった。同じ頃、テキサスの開拓者たちはメキシコ料理の辛みを簡単に出せるよう、チリパウダーを考案した。やがて輸送手段が進歩し、交易ルートが開かれ、スパイスが入手しやすくなり、さらにはスパイスの木の移植技術が向上して、スパイスの価格は大きく下がった。かつては希少品だったスパイスが大量に流通するようになり、最大手の独占企業も大きな打撃を受けた。

　現在、ペッパーやシナモンはどこの家のキッチンにも置かれている。一時はその謎めいた魅力で黄金や宝石と並んで世界でもっとも高価だったスパイスも、今では手軽に入手できるものとなった。しかし、そのすばらしい香り、色、風味は鮮烈で、今も変わらず私たちの食卓に異国の刺激を添えてくれている。

🌿 広がる香り

　インドはスパイス貿易のルートと支配権をうまく確保したため、多くのインド人が東南アジアで商売を行い、インドの食文化が広まった。とくにマレーシアとインドネシアでは、カレーやスパイスミックスが現地の食文化に浸透した。

　さらに、スパイス貿易に携わるヨーロッパ人や旅行者たちが、インド人と親交をもったり、インド人と結婚したりして知った料理や食材を、ヨーロッパ人の口に合うレシピに変えながら広めていった。1811年のイギリスでは、インドからの帰国者や異

国の味を求める美食家向けのレストランもでき始めていた。食文化の交わりはもちろん双方向で進み、たとえばポルトガルはインドで酢（フランシスコ派の修道士がココナッツの樹液でつくったもの）を広めた。ローストビーフなどのイギリス料理がインドでレッドチリペッパーやクミンといったスパイスで味つけされ、肉や魚が現地の野菜とともにカレーになった。英印料理の多くに、ヨーグルト、アーモンド、ココナッツといったインド産の食材が使われた。スパイスで独特の風味をつけたパンや米は、異なる食文化と地元特産品の融合といえるだろう。

　第二次世界大戦では、アメリカからヨーロッパやアジアに派遣された兵士が各地で新しい味を発見して帰り、アメリカに国際色あふれる食材が持ちこまれた。「ピザのハーブ」と呼ばれたオレガノの需要は、1940年代から50年代初めにかけて50倍以上にはね上がった。アメリカ人の舌は未知の味を探求し始めたのだ。

　アジアは今でもシナモン、ペッパー、ナツメグ、クローブ、ジンジャーといった代表的なスパイスの主要な産地だが、現在欧米でも多くのスパイスやハーブが栽培されている。米カリフォルニアはハーブ、カナダはスパイス、ニカラグア、エルサルバドル、アメリカではセサミの栽培が盛んで、ブラジルはペッパーの産地として知られる。グレナダではナツメグがとれ、ジャマイカはジンジャーとオールスパイスの重要な産地だ。スパイスはヨーロッパでも人気だが、現在世界でもっとも需要があるのはアメリカで、ついでドイツ、日本、フランスとなっている。

　今にして思えば、こんな奇妙な味のぽそぽそした粉がなぜそこまで珍重されたのか不思議である。スパイスがあまりに高価だったため、昔の商人は、ときに嘘やごまかしの誘惑に駆られることがあった。スパイス商が記した古い書物には、ペッパーに土や石を混ぜたり、ジンジャーにマツのおがくずを混ぜたりするなど、貴重なスパイスを水増しする方法が載っている。ただしこうした行為には危険がともない、発覚すれば厳しい報いが待っていた。偽のサフランを売った商人が、商品とともに火あぶりにされたこともあった。

　現在は食品の安全衛生が管理され、消費者を保護する商法もでき、スパイスが簡単に手に入るようになって、昔のように同量の金と同じ値段がつくこともなくなった。私たちはスーパーマーケットの棚をゆったりと眺めながら、ありとあらゆる香りと味で家庭料理に異国のエッセンスを与えてくれるスパイスを選べるようになったのだ。

❓ こぼれ話

- スパイス取引は中東で4000年以上前に始まった。
- 西ゴート族は紀元前410年にローマを占領した際、戦利品として3000ポンドのペッパーを要求した。
- リスボンやアムステルダムなどの美しい港やベネチアやジェノバの豪華な宮殿は、おもにスパイス貿易の利益によって建設された。
- カリブ海の海賊を意味する「バッカニア（buccaneer）」は、南米とカリブ海地域の先住民アラワク族の言葉でオールスパイスを意味する"boucan"が語源である。ジャマイカの港に立ち寄る海賊たちが、オールスパイスを使って調理された魚や肉を気に入り、その名前を広めた。
- ドイツ南部の豪商で銀行家のフッガー家やヴェルザー家は、スパイス貿易によって巨万の富を築き、メディチ家に代わって影響力をもつようになった。
- ペッパーは地代の支払いに使われるほど価値があった。
- 14世紀ヨーロッパでは、ナツメグは同じ重さの金と同じくらい高価で、1ポンドでよく肥えた牛7頭分の値段だった。
- インドでイギリスの東インド会社総督を務めたエライヒュー・イェールは、独立してスパイス貿易を始めて富を築き、イェール大学を創設した。
- 米ニューヨーク州のロングアイランドがかつて大英帝国の領地となったのは、ナツメグが火種になった戦争の結果だった。
- 16世紀ロンドンの港の労働者のボーナスはクローブで支払われた。

スパイス秘話

▲ワームウッド

🌶 魔法と迷信

- ナイジェリアでは、グレインズ・オブ・パラダイスが占いや有罪無罪を決める裁判に使われる。
- ペルシャでは夫に浮気をされた妻は、カルダモン、クローブ、シナモンを瓶に入れてコーランの言葉を逆から7回読みあげる。また、夫の名前と4人の天使の名前を書いた紙と、夫のシャツをローズウォーターを入れた瓶に浸けておく。そしてその両方を鍋に入れて火にかけ沸騰させると、夫の愛が戻ってくるという。
- 塩を焦がすという愚行をおかすと、死後に地獄で塩の粒をすべて拾わされるという。塩をこぼしてしまったら、ひとつまみの塩を右肩から後ろへ、次に左肩から後ろに投げると、悪運を避けられる。
- 悪魔、悪運、オオカミ男、吸血鬼などから逃れるには、ポケットにいつもガーリックを入れておくといい。
- 女性が未来の恋人と夢で会うには、聖ルカの日に、カレンデュラの花、マジョラムとタイムを一枝ずつ、ワームウッド少しを火であぶって乾燥させ、粉にして、薄い綿の布でふるい、酢とハチミツとともに弱火にかけ、それが冷めたら体に塗って、「聖ルカ、聖ルカ、どうか夢で恋人と会わせてください」と3回唱えてから眠るとよい。
- クラブモス（ヒカゲノカズラ *Lycopodium clavatum*）は、ケルトの神官ドルイドから魔法の植物とみなされており、乾燥させて挽いたものは「ドルイドの粉」と呼ばれる。火にくべると派手にはじけて効果的なので、何世紀にもわたって霊媒師や手品師や舞台役者に使われた。
- 中世ヨーロッパでクミンは、ニワトリと恋人をつなぎとめる力があると信じられていた。また、結婚式でクミンを身につけておくと幸せになるといわれる。
- ターメリックの根をポケットに入れるか、ターメリックで黄色く染めた絹糸を首に巻くかして身につけておくと病気にならない。
- 何世紀ものあいだ、ワームウッドは毒ニンジンや毒キノコの解毒剤になり、海のドラゴン［架空の生き物］に咬まれた傷にさえ効くといわれていた。
- メキシコでは、塩の女神の祭りで女性たちがワームウッドの飾りや冠を身につけて踊る儀式がある。

アニス（アニシード）

- 19世紀ドイツではパンにホールのアニシード（アニスの種子）をつけるのが流行していた。
- 釣りの擬餌針に魚を引き寄せるためにアニスをつけることがある。
- アニスはドッグフードの材料として使われる。
- アニスのリキュールを冷水で割ったものは、夏の爽やかな飲み物になる。
- アニスは犬、魚、ミツバチに好まれるが、ハトには毒になる。
- 古代ギリシャの学者ディオスコリデス、テオフラストス、ローマの学者プリニウス、アイルランド最初の司教パラディウスはアニスが大好物だった。
- アニスは1500年頃からイギリスの庭園で栽培されていたが、とくに夏が暑かった年にしか種子は採れなかった。
- アメリカの南北戦争で、アニスは簡易的な消毒薬として使われたが、血中に高レベル

スパイス秘話 169

の毒性が生じることがあった。

カルダモン
- インドではカルダモンの実を特別な泉の水で洗って屋根の上で乾かす。
- アレキサンドリアのインドからのスパイスの関税表（紀元176年）にはカルダモンが記載されている。
- カルダモンとサイプレスの香りはよく合うので、併せて香水に使われることが多い。
- ジェフリー・チョーサーの『カンタベリー物語』の中で、カルダモンは「天国のスパイス」と呼ばれている。

グレインズ・オブ・パラダイス
- 西アフリカでは寒い日にグレインズ・オブ・パラダイスの種子を噛んで暖をとる習慣がある。
- エデンの園で育ったというグレインズ・オブ・パラダイスは、ギャンブラーがサイコロを振る前に種子を噛んで手に吐き出すとツキがまわってくるといわれる。

ココナッツ
- 樹齢70年のココヤシ（ココナッツ）の木は3600本以上の根をもっている。
- 後のアメリカ大統領ジョン・F・ケネディは第二次世界大戦中に海軍の魚雷艇の艦長だったが遭難し、ココナッツの殻に刻んだ

▲カルダモン

メッセージのおかげで乗組員とともに救出された。後にこのココナッツの殻は大統領執務室のデスクに飾られた。
- ココナッツの根は染料や洗口液として使われる。
- ほぐした根は歯ブラシとして使われる。
- 挽いたココナッツの殻は古い皮膚の角質を落とすスクラブになる。
- ココナッツの葉を焼いた灰は石灰として使われる。
- 新鮮なココナッツの殻はスポンジ代わりになる。
- ボディソープやシャンプーに使われるラウリン酸はココナッツから採れる。
- フィリピンでは、半分に切ったココナッツの殻に甘く味つけた米とゆで卵半分をのせ、先祖への捧げものにする習慣がある。
- ヒンドゥー教の儀式では、飾りつけしたココナッツを神に祈りながら捧げる。
- インドの漁師は大漁を願って川や海にココナッツを捧げる。
- ヒンドゥー教では、新たに商売を始めるときに神々の祝福を願ってココナッツを割る。
- ヒンドゥー教の富と健康の女神ラクシュミーは、ココナッツを持った姿で描かれることが多い。
- ココナッツの花はインドでは幸運のシンボルとされ、ヒンドゥー教と仏教で結婚式などの重要な儀式で使われる。インドのケララ州では結婚式にはココナッツの花が必需

▲アニシード

▲ココナッツとオイル

品である。
- 米ニューオーリンズのカーニバル「マルディグラ」では、パレードのなかから手づくりのココナッツの飾りが群衆に投げられる。
- イギリスの定期市場には、ボールを投げてココナッツに当てる伝統的なゲームの屋台が出る。
- アジアの神話に、最初の女性はココナッツの花から生まれたというものがある。
- 専門的にはココナッツはナッツ（硬果）ではなく、石果（核果とも。果実の中心に大きな種が1個入っている）である。
- ココナッツウォーターは各種ビタミンとミネラル、エネルギー源となる糖分、食物繊維、たんぱく質、抗酸化物質を豊富に含み、スポーツドリンクとしておすすめである。
- ココナッツウォーターは植物組織の培養液として使われる。
- ココナッツミルクは脂肪分は17％と高いが、糖分は少なく、カレーなどさまざまな料理に使われる。
- ココナッツの白くやわらかい部分はココナッツミートと呼ばれ、マンガン、カリウム、銅を含んでいる。
- ココナッツミートは生か、または乾燥させて使われ、とくにマカロンなどの菓子に使うとおいしい。
- 半分に割って中をくり抜いたココナッツをつるしておくと、小鳥がついばみにくる。実がなくなったらココナッツミルクを注ぎ足しておけば冬の間もアオガラなどの鳥が寄ってくる。
- フィリピンでは現在もココナッツを燃料として使っている。
- ココナッツオイルはさまざまな器官の発達を助ける4種の成長ホルモンを含んでいる。
- ココナッツを焼いてつくった活性炭は有害物質を濾過するので、ガスマスクや放射性物質除去フィルターとして使われている。
- フィリピンのマルコス大統領は、ローマ法王ヨハネ・パウロ2世がフィリピンを訪問した際、印象に残るようにココナッツの木材で豪華な迎賓館を用意した。
- 6世紀にインドやスリランカに旅したエジプト人のコスマスが「インドのナッツ」と書き残したのはココナッツのことだと思われる。
- 9世紀のアラブの商人スレイマーンは、中国人がココナッツの殻から採った繊維を使って酒をつくっていたと書き記している。

サフラン

- サフランは王家の衣類の染料として使われ、仏教の僧が着る黄金色の衣を染める

▲サフラン

- （ただし、より安価なターメリックなどで染められることが多い）。
- サフランは催淫剤や麻酔薬として、また憂うつを晴らす薬として使われた。
- ギリシャでは、宴の間の床にクロッカスの葉が敷かれ、劇場のベンチにサフランウォーターが撒かれた。また、クッションの詰め物としてサフランが使われた。
- サフランは、かつてイギリスのエセックス州サフラン・ウォルデンという町で広く栽培されていた。伝承によると、エドワード3世の時代に中東から帰国した巡礼者が杖の穴に隠してきたサフランの球根から栽培が始まり、町はサフランで栄えてその名前がついたという。
- ロンドンのサフラン・ヒルは、かつてサフランを栽培していた土地で、チャールズ・ディケンズの小説『オリヴァー・ツイスト』の中では悪党フェイギンの隠れ家になっている。
- 13世紀、地中海の海賊はベネチアやジェノバの商船をねらい、金貨には目もくれずサフランを奪った。

サンフラワー
- サンフラワーは「ペルーのマリーゴールド」「ペルーのキク」と呼ばれることがある。
- 学名 *Helianthus* は、ラテン語の *helios* （太陽）と *anthos* （花）から来ている。
- ネイティブアメリカンはサンフラワーをパンに入れたりして食用にしたり、オイル、軟膏、染料、ボディペイントに使ったりしていた。
- サンフラワーのオイルをしぼった後のかすは、たんぱく質が豊富で、ヒツジ、豚、ハト、ウサギなどの餌になる。これを食べた家禽は卵を多く産むようになるという。

セサミ
- セサミシードにはカルシウム、亜鉛、マグネシウム、鉄分とその他の微量元素が多く

▲セサミシードとさや

含まれ、とくに更年期の女性によい。
- セサミの名前はアラビア語の simsim や古代エジプト語の semsent に由来する。
- 紀元前7000年から前4000年の新石器時代、オリーブとセサミのオイルに香りのよい植物を混ぜて軟膏がつくられていた。
- セサミシードははるか昔からオイルやスパイスに加工するために栽培されていた。
- ヒンドゥー語の「オイル」は、サンスクリット語の「セサミ」から来ている。
- ヒンドゥー教の伝説では、セサミシードは不死を象徴していた。
- 現在、セサミシードの世界の取引高は年間10億ドルを超える。
- セサミシードを挽いて粉にする習慣は4000年前からあるが、現在も挽いたセサミでつくるタヒニ・ペーストは寿命が伸びるとされて人気がある。
- セサミシード500粒の重さは100gになる。
- ウルドゥ語で、混んだ場所のことを「セサミシード一粒も入る余地がない」と表現することがある。
- ペルシャのダリウス王は若き日のアレクサンダー大王（紀元前356-前323）に、1袋のセサミシードを渡すことで自分の軍勢の数を示した。アレクサンダー大王はこれに対して、1袋のマスタードシードを渡し、軍勢の数と士気の高さを見せつけた。

セロリ
- 古代ギリシャの競技会では勝者にセロリの

▲セロリ

束が贈られた。
- 1664年、イギリスの著述家ジョン・イーヴリンは当時まだ目新しい植物だったセロリ（celery）を"sellery"と綴っている。
- セロリはローマ時代から催淫剤として人気があった。
- 古代ローマ時代、セロリは死を支配する冥界の王プルートに捧げられた。
- フランスのルイ15世の愛人で知られるポンパドゥール夫人はセロリとトリュフのスープを飲んだあとにココアを飲むのが好きだった。

タマリンド
- 仏教寺院では、タマリンドのやわらかい果肉を使って真鍮の像やランプをみがく。
- インド南部の家庭では銅やブロンズ製の小物をタマリンドの果肉でみがく。
- タマリンドの木の灰は火薬になる。
- 樹皮の煎じ汁はぜんそくに効く。
- 抗菌薬、緩下剤として使われる。

ターメリック
- インドの女性は昔、殺菌作用のあるターメリックのクリームにヒヨコ豆の粉と小麦のもみ殻を加えたものを石鹸の代わりに使っていた。小麦のもみ殻は古い角質を取り除く効果がある。
- ターメリックの石鹸はにきびに優れた効果がある。
- ターメリックとカリフラワーを混ぜたものは前立腺がんを予防する。
- キングコブラに咬まれた傷の解毒剤になる。
- ラジエーターの冷却水に少量のターメリックを入れると水漏れを防げる。

ナツメグ
- 米コネチカット州の不道徳な商人が、木切

▲タマリンド

▲ナツメグ

スパイス秘話 | 173

▲パセリの葉

れを削っただけのものをナツメグと偽って売ろうとしたといわれ、後に「木のナツメグ」は偽物を指す言葉になった。コネチカット州は今でも「ナツメグの州」と呼ばれている。
- ナツメグはパンプキンパイに入れたり、ソーセージに練りこんだり、エッグノッグに散らしたりして使われる。
- 18世紀までは上質なナツメグはインドネシアのモルッカ諸島（スパイス諸島）にしかないといわれており、その貴重な作物を独占するためにオランダの東インド会社はナツメグの木の輸出を禁じ、ナツメグを出荷する前には発芽しないようにライム汁に浸した。また、ナツメグを盗んだり勝手に栽培や販売をした者には死刑を科したので、最終的にはバンダ諸島（モルッカ諸島の一部）の15歳以上の男性のほぼすべてが殺されてしまった。東インド会社がナツメグを独占しようとしたことにより、地元の人口が激減してしまったのである。
- ナツメグはお香に使われたほか、胃の不調、頭痛、発熱時の薬としても使われた。またペストを予防すると考えられていた。
- 14世紀には450g（1ポンド）のナツメグはよく肥えた雄牛7頭分の価値があった。
- 17世紀、モルッカ諸島のラン島はナツメグ産地として唯一、オランダの独占下ではなくイギリスの支配下にあった。17世紀中頃にオランダはイギリスと取引し、マンハッタンの貿易拠点を引き渡す代わりにラン島を手に入れた。そこから現在のニューヨークが発展することになる。
- 1769年にフランス人園芸家が密かにナツメグの木をバンダ諸島からモーリシャス島に移したことで、ついにオランダの強固な独占体制は崩れた。
- イギリスの東インド会社は正式な手続きを経て、ナツメグの木をペナン、シンガポール、インド、西インド諸島、グレナダ島（西インド諸島内、現在のナツメグの第二の産地）にもたらした。

パセリ
- 神聖ローマ皇帝カール大帝（742-814）は毎年パセリシード味のチーズを大箱で2つ食べていた。
- 古代ギリシャの庭園の縁取りには、しばしばパセリとヘンルーダが植えられていた。
- ルートパセリ（ハンブルク・パセリとも呼ばれる）は根を食用に大きく育てるもので、長い間、ドイツ、オランダ、オーストリア、ハンガリー、ポーランド、ロシアで冬の野菜として使われてきた。
- パセリの根は見た目はパースニップに似ているが、味はまったく違って、パセリとともに料理に使われるセロリやニンジンに似ていて、カブのような風味もあり、とても

▲パプリカ

香りがよい。

ハチミツ

- ミツバチは450ｇ（1ポンド）のハチミツを採るために、約88,500キロメートル飛び、200万輪の花にとまるといわれる。
- ミツバチは人間が日常的に食べるものを産み出す唯一の虫である。
- ミツオシエという鳥は鳴き声と動きでブッシュマン族の人々を野生のミツバチの巣に案内する。ブッシュマン族はこの鳥に感謝しながらハチミツを手に入れる。
- 人間は（クマ、ゴリラ、ミツアナグマなどの動物も）貴重な甘い食べ物を入手するために、ハチの針に刺されたり木から落ちたりするリスクを冒すことがある。
- ハチミツは砂糖に次ぐ優秀なエネルギー源で、古代ローマのレシピにも多く使われている。
- 古代エジプトでは、ハチミツは食品、薬、捧げ物として、また遺体の防腐処理のために使われ、ミツロウは魔術の儀式、食品の保存、瞑想のために使われた。
- ハチミツに含まれる天然酵母は発酵を促すので、ハチミツからミード（ハチミツ酒）やハニーワインがつくられる。ビールづくりにハチミツが使われることもある。
- 人間がハチミツの採集を始めたのは8000年以上前で、スペインのバレンシアにある

▲マスタード

中石器時代の洞窟壁画には、かごやひょうたんを手にロープやはしごを使って巣に近づき、ハチミツを採る人々が描かれている。
- ハチミツはしばしば、発疹ややけどの軟膏として、ペット用になめても害のない消毒薬として、のどの痛みや風邪の薬として、使われる。
- 約1億5000万年前のハチの巣の化石が発見されている。

パプリカ

- 「パプリカ」という名前は、産地であるハンガリー語でトウガラシ全般をさす語からきた言葉で、最初にイギリスで使われたのは1896年だった。
- パプリカはトルコの支配下にあった時代にハンガリーにもたらされた。
- 気候と地理的条件が良いハンガリーではパプリカは鮮やかな赤色と豊かな味をもつようになり、ハンガリーは世界の主要なパプリカ生産国のひとつになった。
- ハンガリー南部のカロチャとセゲドは最長の日照時間を誇り、ハンガリーのパプリカ栽培の中心地である。2つの町はハンガリーにおける「パプリカの町」のタイトルをめぐって競い合っている。
- ハンガリーのパルフィ兄弟は軸と種のないセミスイートのパプリカを品種改良した。
- ハンガリーの村々では収穫期にはパプリカ

▲フラックス

▼マルベリー

を家の塀の外側にずらりとつるす。
- ハンガリーではパプリカは、「繊細」「甘い」「極上」「辛い」「スモークド」の各カテゴリーに分類される。
- スペインのパプリカ（ピメントーン pimentón）には、「マイルド」「少し辛い」「とても辛い」の3種類がある。
- オランダもパプリカの産地である。その多くは温室栽培される。
- モロッコ料理では、パプリカの味を引き立てるためにたいてい少量のオリーブオイルが使われる。

フラックス
- 聖書に出てくる「亜麻布」は、フラックスを紡いだものである。
- ゲルマン民族の伝説によると、フラックスを司るのは女神フルダで、人間に最初にフラックスの紡ぎ方・織り方を教えたのもフルダだという。
- 綿布と化学繊維の台頭によって徐々にフラックスの価値は落ちていった。
- フラックスシード（リンシード）は高価なペッパーの混ぜ物として使われた。

マスタード
- 古代ギリシャの哲学者ピタゴラス（紀元前570-前490）はサソリに刺された傷にマスタードを処方した。同じくギリシャのヒポクラテス（紀元前460-前377）も薬や湿布剤としてマスタードを使っている。
- 17世紀イギリスの植物学者ニコラス・カルペパーは、マスタードをすぐに摂取すれば毒ヘビや毒キノコの解毒剤になると考えていた。
- 紀元前5世紀、息子を亡くし嘆き悲しむ母親が、遺体を抱いてブッダを訪ねた。するとブッダは、子、夫、親、友人を亡くした経験がまったくない家庭からマスタードシードをひとつかみもらってくるよう告げた。そんな家はみつからなかったので、母親はいつまでも悲しんでいるのは自分勝手だと悟った。
- マスタードは「メリー・イングランド」[料理か飲み物と思われる]に使われ、リチャード2世の料理人が1390年に著した本にも記載されている。
- 16世紀頃から粗く挽いたマスタードシードにシナモンと小麦粉と水を加えて玉にして乾燥させたものがつくられるようになった。このマスタードボールは保存がしやすく、使うときには酢やワインに浸せばペースト状になる。
- ヒマラヤ地方原産のブラウンマスタードは中華料理店でよく使われている。
- マスタードの花はエディブルフラワーとして料理の飾りつけに使える。
- アメリカの政治家ベンジャミン・フランクリンが1758年に初めてフランスからアメリカにマスタードをもたらしたといわれる。

マルベリー
- 古代ローマの博物学者で著述家の大プリニウスは、その冬最後の霜が終わってから花を咲かせるマルベリーを「賢い果実」と呼んだ。
- ホワイトマルベリーの葉の上面はつるつるしているが、レッドマルベリーの葉は紙やすりのようにざらついている。
- マルベリーの葉は家畜の餌になる。
- 画家ヴィンセント・ファン・ゴッホは1889年、フランスのプロヴァンス地方の病院にいるときに《桑（マルベリー）の木》を描いた。

世界のスパイス地図

アジア全域
- リコリス
- ワームウッド

中国
- オタネニンジン（高麗人参）
- カシア
- ジンジャー
- スターアニス（八角）
- セロリシード
- フラックス
- マルベリー（桑の実）
- ローズヒップ
- ローズペタル

東南アジア
- 柑橘類の果皮
- ターメリック
- ドラゴンズブラッド
- マックルー

ホットスパイスのいろいろ
- ジンジャー（中国）
- ターメリック（インド）
- チリペッパー
 およびパプリカ
 （中央〜南米）
- ペッパー（インド）

ニューギニア島
- オールスパイス
- 柑橘類の果皮
- ココナッツ（おそらく）
- セロリシード

オーストラリア、南西太平洋地域
- 柑橘類の果皮

アジア・太平洋地域
が原産のスパイス

フラックスは北アイルランドのエンブレムである。

北ヨーロッパ
- セロリシード
- ディルシード

ドイツ
- ディルシード
- フラックスシード

東ヨーロッパ
- セロリシード
- ディルシード

ロシア
- アニス
- サンフラワー
- ディルシード
- ホースラディッシュ（ウクライナでも）

スイス
- フラックスシード

南ヨーロッパ南部
- アイリスの根（オリスルート）
- ガーリック
- キャラウェイシード

ヨーロッパ南東部
- ホースラディッシュ

ギリシャ
- コリアンダー
- サフラン（クレタ島）
- ジュニパーベリー

イタリア
- アイリスの根（オリスルート）
- パセリシード（サルデーニャ島）

ヨーロッパ全域
- ペパーミント
- ワームウッド

地中海地域
- アニス（クレタ島）
- クミン
- コリアンダー
- セロリシード
- パセリシード
- フェンネルシード
- ペパーミント（盆地、くぼ地）
- ポピーシード
- ローリエ（森林地域）

パプリカはハンガリーを代表するスパイス。

ヨーロッパ
が原産のスパイス

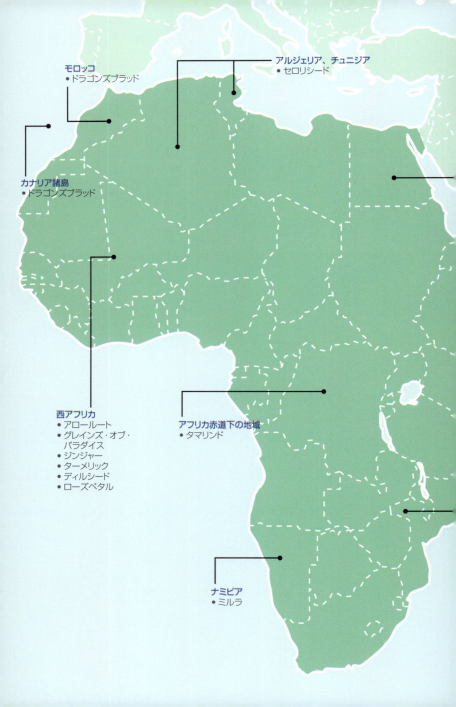

アフリカが原産のスパイス

エジプト
- ガーリック
- クミン
- コリアンダー
- セロリシード
- フェヌグリーク
- ポピーシード

エチオピア
- シナモン
- ミルラ

ソマリアおよびソマリランド
- フランキンセンス
- ミルラ

アフリカ全域
- スマック
- リコリス

東アフリカ
- セサミシード
- ミルラ

スイートスパイスのいろいろ
- アンゼリカ（北欧起源、シリア、アフリカ）
- バニラ（メキシコ、中米）
- ペパーミント（ヨーロッパ、中東、地中海地域）
- リコリス（アジア、アフリカ）
- ローズペタル（中国）

スパイスことば
香辛料に秘められた意味

スパイスことば

わたしたちの日常生活に欠かせないスパイス。スパイスも花言葉のように特別な意味をまとうことがある。それらを「スパイスことば」と呼び、ここに紹介する。

- **アイリスの根（オリスルート）**：予言、愛情、保護、浄化、知恵
- **アニス（アニシード）**：若返り
- **アンゼリカ**：インスピレーション、浄化
- **オタネニンジン**：美しさ、癒し、愛情、欲望、保護、願い
- **オールスパイス**：幸運、癒し、お金、スピリチュアルな揺れ
- **オレンジの皮**：予言、愛情、幸運、お金
- **ガーリック**：勇気、癒し、魔女・吸血鬼除け、泥棒除け、欲望、保護
- **カルダモン**：父親の過ち
- **カレープラント**：保護
- **キャラウェイ**：泥棒除け、健康、欲望、精神力、保護
- **クミン**：悪魔祓い、忠誠、保護、欲望
- **グレインズ・オブ・パラダイス**：愛情、幸運、欲望、お金、願い
- **クローブ**：気高さ、悪魔祓い、愛情、お金、保護
- **ケッパー**：幸運、欲望、権力
- **ココナッツ**：純潔、保護、浄化
- **コリアンダー**：隠れた利点、健康と癒し、目に見えない価値、愛情
- **サフラン**：やりすぎに注意、私たちの関係を悪用しないで、陽気
- **サンダルウッド**：悪魔祓い、癒し、迷走、保護、霊性、静けさ
- **サンフラワー（シード）**：憧れ、多産、健康、知恵、願い
- **シナモン**：愛情、幸運、繁栄
- **ジュニパーベリー**：愛着、泥棒除け、悪魔祓い、健康、愛情、安全と保護
- **ジンジャー**：愛情、お金、権力、成功

- **スペアミント**：温かい心
- **スマック**：優れた知性、豪華
- **セイボリー**：大胆、強い精神力
- **セロリシード**：欲望、精神力、心霊力
- **タマネギ**：悪魔祓い、癒し、欲望、お金、正夢、保護
- **ターメリック**：浄化
- **タラゴン**：長続きする関心、長期的な関係
- **チャービル**：誠実
- **チリペッパー**：忠誠、呪いをやぶる、愛情
- **ディルシード**：よい精霊、幸運、欲望、お金、保護
- **ドラゴンズブラッド**：悪魔祓い、愛情、権力、保護
- **ドラゴンルート**：情熱
- **ナツメグ**：魅力、洞察力、繁栄
- **パセリシード**：有益な知識、祝祭、喜び、勝利、家庭では女がボス
- **フェヌグリーク**：お金、富
- **フェンネル**：力、お世辞、癒し、保護、浄化、強さ
- **フラックスシード**：美しさ、癒し、お金、保護、心霊力
- **フランキンセンス**：悪魔祓い、保護、霊性
- **ペッパー（グリーン、ブラック、レッド、ホワイト）**：悪魔祓い、保護
- **ペパーミント**：健康、愛情、心霊力、浄化、眠り
- **ホースラディッシュ**：悪魔祓い、浄化
- **マスタード（ブラック、ブラウン、ホワイト）**：会える予感、忠誠、無関心、精神

▲スパイスを糸でつるしたもの

　力、保護
- マルベリー（ブラック）：あなたが死んだら生きていけない
- マルベリー（ホワイト）：知恵
- ミルラ：悪魔祓い、癒し、喜び、保護、霊性
- メース：心霊力と精神力
- リコリス：忠誠、あなたに反対です、愛情、欲望
- レモングラス：悪意や噂から守る
- レモンの皮：友情、癒しの愛、長寿、心霊力、浄化
- ローズペタル：友情、癒し、愛情、幸運、情熱、保護
- ローリエ：堅実、栄光、私は死ぬまで変わらない
- ワームウッド：精霊の召喚、愛情、保護、心霊力

索 引

あ
アイリスの根（オリスルート）　108, 186
アサフェティダ（アギ）　126
アニス、アニシード　44, 148, 168, 186
リンシード（フラックスシード、亜麻仁）　10, 175, 186
亜麻（フラックス）、亜麻仁（フラックスシード、リンシード）　10, 34, 175, 186
アメリカニンジン　110
アロールート（クズウコン）　102
アンゼリカ（セイヨウトウキ）　116, 186

う
ウコン（ターメリック）　104, 146-148, 168, 171, 172, 186

お
オタネニンジン（高麗人参）　10, 110, 186
オニオン（タマネギ）　96, 146-148, 186
オリスルート（アイリスの根）　108, 186
オリバナム（フランキンセンス、乳香）　11, 80, 186
オールスパイス（百味胡椒、三香子）　88, 144-146, 148, 163-165, 186
オレガノ　147, 148, 164

か
カイエンペッパー（チリペッパー、唐辛子）　52, 145-147, 149, 186
カシア（シナモン）　82, 144-149, 160, 163, 164, 168, 186
カフィアライム（マックルー、コブミカン）　60
ガーリック（ニンニク）　98, 145-147, 149, 168, 186
カルダモン　28, 146-148, 168, 169, 186
柑橘類の果皮　58, 149, 186, 187

き
キャラウェイシード　56, 148, 186
麒麟血（ドラゴンズブラッド、竜血）　86, 186

く
クズウコン（アロールート）　102
クミン　26, 146-149, 163, 168, 186
グレインズ・オブ・パラダイス　16, 168, 169, 186
クローブ　134, 145-148, 160, 164, 165, 168, 186
桑の実（マルベリー）　70, 175, 187

け
ケシの実（ポピーシード）　38, 147
月桂樹（ローリエ、ベイ、ローレル）　128, 144, 147, 148, 187
ケッパー　120, 186

こ
高麗人参（オタネニンジン）　10, 110, 186
ココナッツ　62, 147, 164, 169, 186
胡椒（ペッパー）　72, 145-147, 149, 160, 163, 164, 165, 186
コブミカン（マックルー、カフィアライム）　60
ゴマ（セサミシード）　46, 146, 147, 171
コリアンダー（香菜、パクチー）　24, 144-149, 186

さ
サフラン　122, 146, 164, 170, 186
三香子（オールスパイス、百味胡椒）　88, 144-146, 148, 163-165, 186
サンダルウッド（白檀）　10, 92, 186
サンフラワーシード（ヒマワリの種）　32, 171, 186

し
塩　152
シナモン（セイロンシナモン、カシア）　82, 144-149, 160, 163, 164, 168, 186
ジュニパーベリー（ネズの実）　68, 186
ショウガ（ジンジャー）　112, 144-148, 160, 163, 164, 186

す
スターアニス（八角）　66, 147
スペインカンゾウ（リコリス）　106, 187
スマック（ヌルデ）　90, 145, 147, 186

せ
セイヨウトウキ（アンゼリカ）　116, 186
西洋ワサビ（ホースラディッシュ）　100, 186
セサミシード（ゴマ）　46, 146, 147, 171
セロリ、セロリシード　20, 147, 148, 171, 186

た
タマネギ（オニオン）　96, 146-148, 186
タマリンド　74, 145, 172
ターメリック（ウコン）　104, 146-148, 168, 171, 172, 186

ち
香菜（コリアンダー、パクチー）　24, 144-149, 186
チリペッパー（カイエンペッパー、唐辛子）　52, 145-147, 149, 186

て
ディルシード　18, 148, 149, 186

と
唐辛子（チリペッパー、カイエンペッパー）　52, 145-147, 149, 186
ドラゴンズブラッド（竜血、麒麟血）　86, 186

索 引 | 189

な
ナツメグとメース　　10, 36, 145-148, 160, 163-165, 172, 186, 187

に
ニガヨモギ（ワームウッド）　　118, 168, 187
乳香（フランキンセンス、オリバナム）　　11, 80, 186
ニンニク（ガーリック）　　98, 145-147, 149, 168, 186

ぬ
ヌルデ（スマック）　　90, 145, 147, 186

ね
ネズの実（ジュニパーベリー）　　68, 186

は
パクチー（コリアンダー、香菜）　　24, 144-149, 186
パセリ、パセリシード　　42, 147, 173, 186
ハチミツ　　174
八角（スターアニス）　　66, 147
バニラビーンズ　　76, 163
パプリカ（レッドペッパー）　　54, 144, 146-148, 174

ひ
ヒマワリの種（サンフラワーシード）　　32, 171, 186
白檀（サンダルウッド）　　10, 92, 186
百味胡椒（オールスパイス、三香子）　　88, 144-146, 148, 163-165, 186

ふ
フェヌグリーク（メティ）　　48, 146-148, 186
フェンネルシード　　30, 147, 148, 186
フラックス（亜麻）、フラックスシード（亜麻仁、リンシード）　　10, 34, 175, 186
フランキンセンス（オリバナム、乳香）　　11, 80, 186

へ
ベイ（ローリエ、ローレル、月桂樹）　　128, 144, 147, 148, 187
ペッパー（胡椒）　　72, 145-147, 149, 160, 163, 164, 165,186
ペパーミント　　130, 186

ほ
ホースラディッシュ（西洋ワサビ）　　100, 186
ポピーシード（ケシの実）　　38, 147

ま
マスタードシード（洋ガラシ）　　22, 144, 147, 148, 175, 186
マックルー（カフィアライム、コブミカン）　　60
マルベリー（桑の実）　　70, 175, 187

み
ミルラ（没薬）　　10, 11, 84, 187

め
メティ（フェヌグリーク）　　48, 146-148, 186

も
没薬（ミルラ）　　10, 11, 84, 187

よ
洋ガラシ（マスタードシード）　　22, 144, 147, 148, 175, 186

り
リコリス（スペインカンゾウ）　　106, 187
竜血（ドラゴンズブラッド、麒麟血）　　86, 186
リンシード（フラックスシード、亜麻仁）　　10, 34, 175, 186

れ
レッドペッパー（パプリカ）　　54, 144, 146-148, 174
レモングラス　　124, 187

ろ
ローズペタル、ローズヒップ　　132, 146, 187
ローリエ（ベイ、ローレル、月桂樹）　　128, 144, 147, 148, 187

わ
ワームウッド（ニガヨモギ）　　118, 168, 187

■著者より

本書では、冗長な記述を避けるため、「～といわれている」「かつて人々は～と信じていた」といった表現を極力省きましたが、とくに魔法や魔女の記述や奇跡的な治療法については議論の余地が大いにあることは明らかです。どんな薬でも、誤った使い方をすれば危険であり、植物には致死的な毒性を含むものもあります。著者、栄養学監修者および出版社（日本語版出版社、監訳者、訳者を含む、以下同）は、本書の内容、情報について、いかなる責任も負わないものとします。また、伝統的な療法の多くは、民間伝承やエビデンスの不十分な古い情報に基づくものであり、著者および出版社はこの効果や安全性を保証するものではありません。本書の情報は、スパイスを楽しむことを目的に記載されているものであり、実践を推奨するものではありません。

　スパイス療法は、すでに特定の症状のある方、妊娠中の方、すでに薬を処方されている方には悪影響を及ぼす可能性もあるため、実践する前にさらに詳しくお調べいただき、必ず医師の指示を受けてください。

注意

本書ではスペースの都合で、スパイスを使った治療法について、ごく短い記述しか載せられませんでしたが、多くの専門書やウェブサイトで、現在および過去の治療法についての記述が見られます。本書は植物療法が重用された時代を垣間見るには興味深いものですが、著者、栄養学監修者、出版社はいずれも、その効力や安全性を保証するものではありません。実際に、昔の植物療法の書物には警告事項が数多く記載されていることをご留意の上、本書をお楽しみいただければ幸いです。

■参考文献・HP

- Baker, Margaret：*Discovering the Folklore of Plants*. Shire Publications（2011）
- Bown, Deni：*RHS Encyclopedia of Herbs and their Uses*. Dorling Kindersley（1995）
- Culpeper, Nicholas：*The British Herbal and Family Physician*. Milner and Company（mid/late 1800 s）
- Czarra, Fred：*Spices. A Global History*. Reaktion Books（2012）
- Day, Liz：*Herb and Spice Guide*：*Fascinating Facts and Delicious Recipes*. Schwartz（2009）
- Divakaruni, Chitra：*The Mistress Of Spices*. Black Swan（1997）
- Gambrelli, Fabienneb and Boussahba, Sophie：*Spices*：*Volume 1*：*The History of Spices*. and *Volume 2*：*The Flavor of Spices*. Flammarion（2008）
- Hemphill, Ian and Kate：*The Spice and Herb Bible*. Robert Rose Inc.（2014）
- Langley, Andrew：*The Little Book of Spice Tips*. Absolute Press（2006）
- Norman, Jill：*The Complete Book of Spices*. Dorling Kindersley（1990）
- Botanical.com：*A Modern Herbal*. by Mrs M Grieve（ウェブサイト）

■図版クレジット

本書に図版を掲載するにあたり、以下の著者権所有者より複製の許可をいただきました。下記のリスト作成にあたっては細心の注意を払いましたが、万が一、記載に誤りや抜けがあった場合にはお詫びいたします。

Alamy 93. Corbis 73, 135. Digital Vision/Thinkstock/Sydney James 162. Gap Garden Photos 67. Dorling Kindersley/Thinkstock 126. Hemera/Thinkstock：31 Olga Tkachenko. 88 Tim Scott. 144 Jai Singh. Ingram Publishing/Thinkstock 77. iStock/Thinkstock：1 Kenishirotie. 2 Zheka-Boss. 5 Svetl. 6 tanjichica7. 8 peterzsuzsa. 9 Paul Grecaud. 10 NikiLitov. 11 marilyna. 12 klenova. 14 coffeechcolate. 15 locknloadlabrador. 18 anna1311. 19 seregam. 20 Alina Solovyova-Vincent. 21 anna1311. 22 marilyna. 23 bdspn；otme. 25 tycoon751. 26 dabjola. 27 Ezergil. 28 Lalith_Herath. 29 bdspn. 30 AndreyGorulko. 32 HandmadePictures. 33 bksukkun. 34 Frans Rombout. 35 Magone. 36 bdsn. 37 Lawrence Wee. 38 boonsom. 40 travellinglight；YelenaYemchuk. 41 oksix. 42 ErikaMitchell. 43 Basya555. 45 semakokal. 47 Diana Taliun. 46 yogesh_more. 47 carroteater. 48 Watcha. 49 Watcha. 51 alfimimnill. 52 Tuned_In. 53 IceArnaudov. 54 KAdams66. 55 Ratana21. 56 Olesya Tseytlin. 57 sasimoto. 58 egal. 59 janaph. 60～User79fc5b7a_478；Ponpirun. 61 bangkaewphoto. 62 trex. 63 multik7. 64 serezniy；467270582. 65 victoriya89. 66 Magone. 68 HandmadePictures. 70 msk.nina；lepas2004. 71 klazing. 72 Sensay. 74 jirkaejc. 75 mansum008. 76 Andreas Kraus. 78 ezza116. 80 marilyna. 81 zanskar. 82 AlexStar. 83 Helena Lovincic. 84 marilyn barbone, 85 Vladimir Melnik. 87 zanskar. 89 BravissimoS. 90 AndreyGorulko. 91 JackVandenHeuvel. 92 marilyna. 94 rakratchada. 96 Tamara Jovic. 97 bdspn；mkos83. 98 Buriy. 99 Nadalinna. 100 eldinledo. 101 Martina Chmielewski. 103 susansam. 104 GreenSeason. 105 Oliver Hoffmann. 106 sommail. 107 dabjola；eZeePics Studio. 108 Heike Rau. 110 koosen. 111 KirsanovV. 112 epantha. 114 fotokris. 116 marilyna. 117 MychkoAlexander. 118 Marakit_Atinat. 119 sever180. 120 serezni. 121 JannHuizenga.122 jonathan_steven. 123 george tsartsianidis. 124 Chris Leachman. 125 mansum008. 127 GeloKorol. 128 Andrelix. 129 sb-borg. 131 matka_Wariatka. 132 Sze Fei Wong. 133 Nadajda2015. 134 Magone. 137 Ciungara. 141 Amawasri. 144 zkruger. 145 tycoon751. 146 fotografiche. 149 matka_Wariatka. 150 tisskananat. 152 Mikhail Kokhanchikov. 155 NikiLitov. 157 Photoprofi30. 158 Elena Schweitzer. 161 svehlik. 162 Luis Santos. 166 Krzysztof Slusarczyk. 168 Elena_Ozornina. 169 marilyna；Toltek. 170 joannawnuk；george tsartsianidis. 171 bdspn. 172 Diana Taliun；mansum008；silroby. 173 anna1311. 174 AlexStepanov；HandmadePictures.175 ChViroj. 176 Erdosain. 178 Alexlukin；marilyna. 179 maceofoto；Oliver Hoffmann；AndreyGorulko；bergamont. 180 Cobalt88. 181 Frans Rombout；Pratchaya. 183 sommail；matka_Wariatka；posterized；dianazh；cao chunhai. 184 karandaev. 187 Baloncici. Photos.com/Thinkstock 11. Wavebreakmedia/Thinkstock/Wavebreakmedia Ltd 113.

著● ジル・デイヴィーズ (Gill Davies)

英国の文筆家、編集者。手がけた書籍は 500 点にもおよび、ジャンルも歴史、薬、自然、海外事情、戯曲など、多岐にわたる。みずから園芸や写真にも取り組み、さまざまなスパイスを使った料理を楽しんでいる。著書に、本書の姉妹本『カラー図鑑 ハーブの秘密』（西村書店）がある。

栄養学監修● ダリア・マオリ (Dalia Maori)

認定栄養士。米国の Commission on Dietetic Registration および英国の Health and Care Professions Council に認定登録。肥満や糖尿病の専門家として、栄養が健康や癒しに及ぼす影響について研究する。

監訳● 板倉弘重 (いたくら ひろしげ)

品川イーストワンメディカルクリニック院長および理事長。医学博士。東京大学医学部卒業、東京大学医学部第三内科講師、国立健康・栄養研究所臨床栄養部長、茨城キリスト教大学教授を経て現職。この間、カリフォルニア大学心臓血管研究所留学。脂質栄養学、動脈硬化学、赤ワインやチョコレートなどの抗酸化物質などの研究を行う。日本ポリフェノール学会理事長、日本健康・栄養システム学会名誉理事長。著書多数。

訳● 西本かおる (にしもと かおる)

文芸翻訳者。東京外国語大学フランス語学科卒。最近の訳書に『カラヴァル 深紅色の少女』（キノブックス、2018 年本屋大賞・翻訳小説部門第 1 位）、『レイン 雨を抱きしめて』（小峰書店）、『ガラスの封筒と海と』（求龍堂、共訳）、『ルーシー変奏曲』（小学館）、『カラー図鑑 ハーブの秘密』（西村書店）などがある。

カラー図鑑 スパイスの秘密 —— 利用法・効能・歴史・伝承

2019 年 6 月 21 日　初版第 1 刷発行

著	ジル・デイヴィーズ
栄養学監修	ダリア・マオリ
監訳	板倉弘重
訳	西本かおる
発行人	西村正徳
発行所	西村書店　東京出版編集部
	〒 102-0071　東京都千代田区富士見 2-4-6
	Tel. 03-3239-7671　Fax. 03-3239-7622
	www.nishimurashoten.co.jp
印　刷	三報社印刷株式会社
製　本	株式会社 難波製本

日本語翻訳権所有：西村書店

本書の内容を無断で複写・複製・転載すると、著作権および出版権の侵害となることがありますので、ご注意ください。

ISBN 978-4-89013-495-3